Ardeschyr Hagmaier

30 Minuten

Problemlösungen

Bibliografische Information der Deutschen Bibliothek

Die Deutsche Bibliothek verzeichnet diese Publikation in der Deutschen Nationalbibliografie; detaillierte bibliografische Daten sind im Internet über http://dnb.d-nb.de abrufbar.

Umschlaggestaltung: die imprimatur, Hainburg
Umschlagkonzept: Martin Zech Design, Bremen
Lektorat: Friederike Mannsperger, Offenbach
Satz: Zerosoft, Timisoara (Rumänien)
Druck und Verarbeitung: Salzland Druck, Staßfurt

© 2008 GABAL Verlag GmbH, Offenbach
2., überarbeitete Auflage 2012

Hinweis:
Das Buch ist sorgfältig erarbeitet worden. Dennoch erfolgen alle Angaben ohne Gewähr. Weder Autor noch Verlag können für eventuelle Nachteile oder Schäden, die aus den im Buch gemachten Hinweisen resultieren, eine Haftung übernehmen.

Printed in Germany

ISBN 978-3-86936-307-3

In 30 Minuten wissen Sie mehr!

Dieses Buch ist so konzipiert, dass Sie in kurzer Zeit prägnante und fundierte Informationen aufnehmen können. Mithilfe eines Leitsystems werden Sie durch das Buch geführt. Es erlaubt Ihnen, innerhalb Ihres persönlichen Zeitkontingents (von 10 bis 30 Minuten) das Wesentliche zu erfassen.

Kurze Lesezeit
In 30 Minuten können Sie das ganze Buch lesen. Wenn Sie weniger Zeit haben, lesen Sie gezielt nur die Stellen, die für Sie wichtige Informationen beinhalten.

- Alle wichtigen Informationen sind blau gedruckt.

- Schlüsselfragen mit Seitenverweisen zu Beginn eines jeden Kapitels erlauben eine schnelle Orientierung: Sie blättern direkt auf die Seite, die Ihre Wissenslücke schließt.

- *Zahlreiche Zusammenfassungen innerhalb der Kapitel erlauben das schnelle Querlesen.*

- Ein Fast Reader am Ende des Buches fasst alle wichtigen Aspekte zusammen.

- Ein Register erleichtert das Nachschlagen.

Inhalt

Vorwort

Achtung! Sie halten gerade den Feind Ihrer Probleme in Ihren Händen.

Dieses Buch wird Ihnen nicht nur die Lösungsenergie geben, die Sie benötigen, um Ihre täglichen Herausforderungen zu meistern. Sie finden hier zudem nützliche Tipps, Anregungen und Strategien für Ihre erfolgreiche Problemlösung. Und: Mit diesem Buch mache ich Ihnen Mut, Probleme aktiv zu lösen – ganz gleich in welcher der folgenden vier Lebenssituationen Sie sich gerade befinden:

- Für Sie stehen Ihre Gesundheit und Ihre persönliche Fitness im Mittelpunkt.
- Ihre Freizeit und persönliche Lebensfreude genießen Priorität.
- Ihre Familie und Ihre persönlichen Beziehungen dominieren Ihr Leben.
- Sie wollen im Beruf vorankommen und die Karriere vorantreiben.

Für all diese Lebenssituationen beschreibe ich einfache und dennoch hochwirksame Problemlösungs-Hebel. Denn nach meiner Überzeugung gibt es zu jedem Problem auch die passende Lösung!

Warum wird eigentlich so viel über Probleme gestöhnt? Warum lösen wir sie nicht einfach? Meine Antwort: Weil die meisten Menschen es nicht verstehen, selbst die naheliegende Problemlösung umzusetzen, also ein

Umsetzungsproblem haben. Erich Kästners Satz „Es gibt nichts Gutes: außer man tut es" wird zwar häufig zitiert. Nur wenige Menschen aber sind bereit, die Konsequenzen aus diesem Satz zu ziehen und ihre Probleme aktiv anzugehen.

Vielleicht denken Sie jetzt: „Aber die ideale Lösung ist nicht immer leicht zu finden." Richtig, aber indem Sie diese Frage stellen, blockieren Sie bereits Ihre Problemlösungsenergie. Ich beobachte dies auch in meinen Vorträgen. Seit 10 Jahren bin ich jetzt Referent und höre immer wieder folgende Fragen:

- „Was mache ich, wenn ich keine Lösung finde?"
- „Wie löse ich Probleme, die ich nicht beeinflussen kann?"
- „Ist nicht immer der für die Lösung verantwortlich, der das Problem verursacht hat?"

Wir reden mehr über unsere Probleme statt über Lösungen. Das möchte ich in den nächsten 30 Minuten ändern. Ich wünsche Ihnen viel Spaß beim Lesen und Ausprobieren.

Ihr Ardeschyr Hagmaier

Test: Wie ist es um Ihre Problemlösungskompetenz bestellt?

Bitte füllen Sie den Fragebogen so ehrlich wie möglich aus. Holen Sie auch Fremdbeurteilungen ein – etwa vom Partner oder einem Kollegen am Arbeitsplatz.

	stimmt	stimmt nicht
1. Wenn ich ein Problem habe, beschäftige ich mich vor allem mit den Hintergründen, die zu dem Problem geführt haben.	❏	❏
2. Ein Problem kostet immer Zeit und bindet Energie, die dann für andere Dinge fehlt.	❏	❏
3. Wenn am Arbeitsplatz ein schwieriges Problem ansteht, berufe ich ein Meeting ein, in dem wir das Problem genau analysieren.	❏	❏
4. Bei einem Problem gibt es zumeist einen Verursacher, einen Schuldigen. Den muss man finden, dann kann man das Problem lösen.	❏	❏
5. Um ein Problem zu lösen, nutze ich eine bewährte Problemlösungstechnik, die ich immer wieder einsetze.	❏	❏

6. Wenn ich ein Problem habe, hole ich einen Experten ins Haus, der das Problem für mich löst. ☐ ☐

7. Kreativität behindert den Problemlösungsprozess nur, weil sie lediglich zu utopischen und nicht realisierbaren Lösungen führt. ☐ ☐

8. Problemlösungskompetenz lässt sich nicht trainieren – man hat sie oder man hat sie nicht. ☐ ☐

Bei wie vielen Fragen haben Sie „stimmt" angekreuzt?

Auswertung

6–8-mal: Sie vergraben sich gern in Ihre Probleme, analysieren sie zu Tode und finden darum nur schwer einen Lösungsweg. Arbeiten Sie zunächst an Ihrem Problembewusstsein (Kapitel 1).

3–5-mal: Sie wissen, dass es besser ist, Lösungen zu finden, als Probleme zu suchen. Aber Sie haben noch keinen eigenständigen Zugang zur Lösungsfindung entwickelt. Lernen Sie zunächst, wie Sie ein Problem angemessen analysieren (Kapitel 2).

2-mal und weniger: Sie befinden sich auf einem guten Weg zum Lösungsfinder. Erweitern Sie aber Ihr Repertoire an Problemlösungstechniken (Kapitel 3 und 4).

30 MINUTEN

1. Entwickeln Sie ein Problembewusstsein

Das Problemlösungs-Gebet

Gib mir die Kraft,
Dinge zu ändern,
die ich ändern kann,
die Gelassenheit,
Dinge hinzunehmen,
die ich nicht ändern kann,
und die Weisheit,
das eine vom anderen
zu unterscheiden.

Ardeschyr Hagmaier,
in Anlehnung an Reinhold Niebuhr, 1943

Viele Menschen wissen, wenn sie vor einem Problem stehen, wie etwas *nicht* geht. Doch wichtiger ist es, zu prüfen, welche Lösungsalternativen vorliegen und wie sie umgesetzt werden können.

1.1 Negatives, positives und realistisches Denken

Vielleicht denken Sie jetzt, ich wolle Ihnen in der x-ten Variante das positive Denken empfehlen. Sicherlich ist eine grundsätzlich optimistische Einstellung bei der Problemlösung nicht von Nachteil. Aber: Die Wahrnehmung eines Problems durch die rosarote Brille ist bei der Problemlösung ebenso hinderlich wie das Denken in Schwarz-Weiß-Kategorien, ja sogar kontraproduktiv. Wer zum Beispiel im beruflichen Bereich immer nur klagt, der Markt sei so schwierig, der Konsument sozurückhaltend, die Mitarbeiter widerspenstig und uneinsichtig, wird selbst das säen, was er erntet: schwierige Marktbedingungen, zurückhaltende Kunden, unmotivierte Mitarbeiter.

Wir bestimmen die Realität der uns umgebenden Außenwelt: Wer meint, überall nur Hoffnungslosigkeit, Niedergang und Probleme wahrnehmen zu können, wird irgendwann der sich selbst erfüllenden Prophezeiung erliegen – und überall nur Hoffnungslosigkeit, Niedergang und Probleme erleben. Andererseits wird der notorische Schwarzseher, der immer und überall nur die Probleme sieht, vielleicht frühzeitig die erforderlichen Maßnahmen ergreifen, um das Problem bewältigen zu können. Der ewige Optimist glaubt, über die Kraft und Energie zu verfügen, anstehende Probleme zu lösen, und neigt eventuell dazu, sie zu unterschätzen. Wer Probleme aber als Herausforderungen und Aufgaben definiert, die man unter Einsatz all seiner Stärken und Fähigkeiten angehen kann, hat gute Chancen, sie tatsächlich motiviert zu bewältigen.

Das Glas Wasser ist halb leer – und halb voll

Was also ist die richtige Vorgehensweise? Sie kennen wahrscheinlich die Metapher vom Glas Wasser, das der eine als halb leer, der andere als halb voll beschreibt. Vielleicht ist eine dritte Alternative möglich, nämlich die realistische Sichtweise, die nüchtern feststellt: „Das Glas Wasser ist halb voll *und* halb leer. Welche Konsequenzen muss ich daraus ziehen? Das Glas auffüllen? Oder genügt mir das vorhandene Wasser, um meinen Durst zu löschen?"

Ich bin der Meinung, dass das realistische Denken bei der alltäglichen Bewältigung von Herausforderungen hilfreich ist, die grundsätzliche Denkhaltung eines Menschen aber eher in Richtung der positiven Wahrnehmung ausgerichtet sein sollte. Wer Herausforderungen grundsätzlich mit der Überzeugung angeht, sie bewältigen zu können, wird seine Fähigkeiten und Kompetenzen voll und ganz aktivieren können. Diese Denkweise schließt ja nicht aus, ein gesundes Problembewusstsein zu entwickeln. Im Gegenteil: Wer nicht nur Problemsymptome bekämpfen, sondern an die Ursachen heran will, muss eine saubere Problemanalyse durchführen.

Negativ-pessimistisch – positiv-optimistisch – realistisch: Bei der Bewertung, ob das Glas halb leer oder halb voll ist, gibt es drei Alternativen. Prob-

lemlösungsenergie wird dann am ehesten freige-setzt, wenn der Lösungsfinder tendenziell opti-mistisch an die Problemlösung herangeht.

1.2 Das „falsche" Problem-bewusstsein

Doch wie sieht die Wirklichkeit aus? Sind wir in der Lage, die realistische Bewertung, das Glas sei halb voll *und* halb leer, vorzunehmen?

Als „typisch Deutsch" gilt es, sich mit Herzblut und Leidenschaft Problemen jeder Art zu widmen. Wir Deutschen sind also sehr problemorientiert, auch wenn wir in der Euphorie der Fußballweltmeisterschaft 2006 bewiesen haben, dass wir durchaus auch zu feiern verstehen und in der Lage sind, optimistisch nach vorne zu schauen.

Im Qualitätsmanagement macht es vielleicht Sinn, mehr über die Probleme als über die Lösung nachzudenken. Doch oft hindert uns diese Problemorientierung daran, konkret zu handeln. Vor lauter Grübelei vergessen wir, den Worten Taten folgen zu lassen.

Die deutsche Jammerkultur – die „90-10-Formel"

Es ist immer wieder interessant für mich zu beobachten, wie viel Zeit in Unternehmen aufgebracht wird, um über Probleme zu diskutieren, deren Sachlage schon längst allen bekannt ist. Jeder Meetingteilnehmer kennt das Problem aus dem Effeff, die Problemursachen sind längst ausführlich und erschöpfend beschrieben und auf bunten PowerPoint-Folien festgehalten – und trotzdem werden 90 Prozent der Zeit für die Problemsuche und Problembeschreibung und nur 10 Prozent für die Lösungsfindung genutzt.

„90-10" – diese prozentuale Aufteilung scheint mir symptomatisch für die deutsche Jammerkultur und eine Formel für unsere Problemorientierung zu sein.

Selbst wenn das Problem allen bekannt und die Lösung schon gefunden ist, versenken wir uns trotzdem noch einmal genüsslich in die Problemdarstellung – immer und immer wieder. Typisch sind Aussagen wie: „Ich wollte es ja nur noch einmal sagen!" oder „Die Lösung kenne ich auch, aber trotzdem möchte ich noch mal ...".

Das Seltsame: Allzu große Kopfschmerzen scheinen diese Jammerei und die Ursachen dafür diese Jammerei bei den Beteiligten nicht auszulösen. Warum dies so ist? Nun – die Jammerei hat keine konkreten Folgen, denn dass man etwas ändern muss und durchaus Einfluss auf die Ursachen nehmen kann, wird in solchen Meetings nicht diskutiert. „Lerne klagen, ohne zu leiden!" – so die Meetingphilosophie, die dahintersteckt.

Wahrscheinlich kennen auch Sie aus Ihrem beruflichen und privaten Leben genügend Beispiele dafür, mit welcher Begeisterung Minute für Minute, Stunde für Stunde immer wieder über das gleiche Problem diskutiert wird, ohne dass je auch nur der Ansatz eines Lösungsvorschlags auftaucht.

Das ausgeprägte Problembewusstsein kann man in vielen Bereichen beobachten:

- *Politik:* Anscheinend ist es wichtiger, Fehler der gegnerischen Partei aufzuzeigen, als selbst Lösungsvorschläge zu unterbreiten und dafür zu kämpfen.
- *Medizin:* Wir bezahlen Ärzte zur Bekämpfung der Symptome einer Krankheit – anstatt die Ursachen für die Krankheit herauszufinden.
- *Kindererziehung:* Unseren Kindern wird viel öfter gesagt, was sie nicht dürfen, als dass ihnen gezeigt wird, was möglich ist.
- *Schule:* Schüler werden mit dem Rotstift auf ihre Fehler aufmerksam gemacht, anstatt dass ihr Bewusstsein auf die richtige Lösung gelenkt wird.

Diese Liste ließe sich ins Unendliche fortführen …!

In Deutschland dominiert immer noch die Jammerkultur. Die „90-10-Formel" besagt, dass wir den Großteil unserer Zeit für die Problemsuche und Problembeschreibung verschwenden und nur 10 Prozent für die Problemlösung nutzen. Ein Lösungsfinder achtet darauf, nicht ins Jammertal abzustürzen.

1.3 Das Problem als Chance

Lassen Sie uns das Wort „Problem" einmal genauer ansehen – dann wirkt es gar nicht mehr so schlimm und verliert etwas von seinem Schrecken. Das Herkunftswörterbuch des Dudenverlages umschreibt das Wort mit „schwierig zu lösende Aufgabe; komplizierte Fragestellung; Schwierigkeit".

Laut der Definition ist die Aufgabe zwar schwierig, aber auch lösbar – der Lösungsweg ist also steinig, aber begehbar. Das macht doch Mut!

Zudem steckt im Wort „Problem" die Vorsilbe „Pro", die ihren Ursprung im Griechisch-Lateinischen hat und so viel bedeutet wie „für" oder „Kraft" und „vor, vorwärts". In Wörtern wie „progressiv", „produzieren" oder „prominent" wird dies deutlich.

Soll das etwa bedeuten, dass uns Probleme Kraft geben, dass sie uns helfen, voranzuschreiten und vorwärtszukommen? Ich bin der Meinung, ja – genauso ist es. Denn überlegen Sie: Wem es gelingt, ein Problem zu lösen, hat einen möglichen Stolperstein auf dem Weg zum Ziel beiseitegeräumt. Das Problem lauert nicht mehr verdeckt im Straßengraben, um über uns herzufallen und uns zu behindern. Es steht vor uns, wir können es analysieren, lösen, beseitigen – und dann kann es uns nie wieder in die Quere kommen.

In Chancen denken

Der Unterschied zwischen einem Problemsucher und einem Lösungsfinder liegt hauptsächlich darin, dass dieselben Ergebnisse unterschiedlich bewertet werden. Ob man etwas als Problem oder als Chance begreift, ist nicht vom Ergebnis abhängig, sondern eine Frage der inneren Einstellung:

- Der Problemsucher sieht die Schwierigkeit, einen neuen Absatzmarkt zu erobern, der Lösungsfinder die Chance, Umsatz und Gewinn zu steigern.
- Der Problemsucher sieht den ungeschlagenen Weltranglistenersten auf der anderen Seite des Tennisplatzes, der Lösungsfinder die Herausforderung und Chance, den Gegner heute zum ersten Mal besiegen zu können.

Prüfen Sie sich selbst und stellen Sie sich vor, das Ergebnis bestehe darin, dass Sie zu spät zu Ihrem Termin kommen. Problem oder Chance?

Das Problem könnte sein:
- Sie nehmen den Termin gestresst wahr!
- Ihr Gesprächspartner ist angesichts der Verspätung verärgert!
- Der Termin ist geplatzt!

Die Chance könnte sein:
- Sie lernen durch die Bewältigung der Situation, spontaner und schlagfertiger zu agieren!
- Sie organisieren sich in Zukunft für noch wichtigere Termine besser!
- Sie lernen, Prioritäten zu setzen!

Oder nehmen wir ein Beispiel aus dem Sport: Das Ergebnis ist, dass Sie an einem Halbmarathon teilnehmen und dabei Letzter werden.

Nun können Sie den Kopf in den Sand stecken und folgendes Problem sehen: Sie haben sich blamiert, das ganze Training ist für die Katz, war vollkommen falsch aufgebaut. Sie akzeptieren, dass Sie Ihr Wunschgewicht nie erreichen werden – weil Sie nämlich ab sofort mit dem Training aufhören. Oder Sie erkennen die Chancen, die in dem Ergebnis liegen: Sie lernen, eine höhere Trainingsbelastung auf sich zu nehmen – und specken dabei quasi nebenbei doch noch ab –, und Sie wissen nun, dass Sie Ihr Trainingsprogramm unbedingt umstellen müssen.

Das heißt: Was immer auch passieren mag, es nützt nichts, über verschüttete Milch zu klagen. Überlegen Sie, wie Sie in Zukunft verhindern können, dass die Milch überläuft. Schärfen Sie Ihr Problembewusstsein, indem Sie sich die Einstellung erarbeiten, dass in jedem Problem eine Chance liegt. Jede Medaille hat zwei Seiten, nutzen Sie die richtige Seite. Dann werden Sie im Leben auch Ihre Chance erkennen können. Dabei sind Sie nur von einer einzigen Person abhängig – von sich selbst. Das verdeutlicht die folgende Geschichte:

In einem Dorf lebten einmal zwei junge, pfiffige Burschen, die nur ihren Spaß im Kopf hatten. Im selben Dorf lebte auch ein alter, weiser Mann, von dem man sagte, dass er alles wisse und sich nie irre. Die beiden überlegten sich, wie sie den weisen Mann überlisten könnten, und hatten folgende Idee: Wir nehmen eine Taube, halten sie hinter den Rücken und fragen den Alten: „Lebt diese Taube oder ist sie tot? Wenn der weise

Mann nun sagt, sie sei tot, dann holen wir sie hervor und lassen sie fliegen. Wenn er aber sagt, sie lebe, dann drücken wir ihr den Hals zu und zeigen ihm, dass die Taube tot ist. Gleich, was er uns sagen wird, die Antwort ist falsch."

Und so geschah es. Mit der Antwort des alten Mannes jedoch hatten sie nicht gerechnet: „Ob diese Taube lebt oder tot ist, liegt ausschließlich in eurer Hand."

Also: Es liegt in Ihrer Hand!

Nehmen Sie sich eine Minute Zeit zur Selbstbefragung

- Was haben Sie bisher unter einem „Problem" verstanden?
- Wie haben Sie Ihre Probleme gelöst?
- Haben Sie in Ihren Problemen Chancen zur Weiter- und Fortentwicklung gesehen?

Den Perspektivenwechsel trainieren

Wer sich vom „alten" und „falschen" Problembewusstsein verabschieden und sich einen neuen Zugang zu seinen Problemen erarbeiten will, muss eine Einstellungsveränderung vornehmen. Dabei hilft der Perspektivenwechsel.

Was heißt das? Es heißt, dass Sie zu Ihrem Problem eine Meta-Perspektive einnehmen. Die Konzentration aufs Detail versperrt den erweiterten Blick aufs Ganze, auf die nicht immer naheliegende beste Lösung, auf die aus der Nähe kaum zu erkennende Chance, die sich im Problem verbirgt.

Sie steigen also gleichsam auf den Berg und betrachten das Problem von oben – aus der Distanz und der Helikopterperspektive. Dort oben in luftiger Höhe löst sich die Verstrickung in die Einzelheiten der gegenwärtigen Problemsituation auf und zugleich auch die Fokussierung auf eine bestimmte und problemorientierte Betrachtungsweise.

- *Ein Lösungsfinder schärft sein Problembewusstsein, indem er sich verdeutlicht, was überhaupt ein Problem (für ihn) ist.*
- *Ein Problem ist eine schwierige Aufgabe – die aber immer lösbar ist.*
- *Die Bewältigung von Problemen gelingt, wenn es der Lösungsfinder schafft, mit einer optimistischen Grundeinstellung an die Lösung heranzugehen. Zumindest sollte er zu einer realistischen Einschätzung gelangen.*
- *In jedem Problem liegen auch Chancen. Es kommt darauf an, diese Chancen zu erkennen und zu nutzen.*
- *Jedes Problem hat mindestens zwei Seiten. Lösungsfinder nehmen einen Perspektivenwechsel vor. So nehmen sie eine distanziertere Position zu ihrem Problem ein, die es ihnen ermöglicht, die Chancen im Problem zu erkennen und zu nutzen.*

30

30 MINUTEN

2. Nehmen Sie das Problem unter die Lupe

„Die Probleme, denen wir begegnen, können nicht auf der gleichen Denkebene gelöst werden, auf der sie entstanden sind."

Albert Einstein

Ein Grund dafür liegt darin, dass wir uns von den Problemen lösen und uns zu ihnen in Distanz setzen müssen. Der bereits angesprochene Perspektivenwechsel ist unerlässlich, um eine nüchterne Analyse des Problems durchzuführen. Doch zuweilen sind wir in Abhängigkeiten und Gewohnheiten verstrickt, die uns daran hindern, diesen Perspektivenwechsel vorzunehmen.
Um die richtige Position zur Problemlösung einzunehmen, gehen Sie am besten in den vier folgenden Schritten vor.

2.1 Schritt 1: Den Leidens-Club verlassen

Kennen Sie das Problem? Sie sind viel zu spät mit Ihrem Wagen losgefahren, weil Sie aufgehalten wurden. Nun fahren Sie durch die Stadt und Ihre Fahrt wird von einer roten Ampel nach der anderen unterbrochen. Es scheint so, als hätten sich alle Ampeln gegen Sie verschworen, und so geraten Sie in eine Stresssituation. Am nächsten Tag geschieht dann aber das Folgende: Sie befinden sich in einer fremden Stadt, fahren auf die nächste (grüne) Ampel zu und hoffen, dass sie jetzt auf Rot umschaltet. Denn dann können Sie in Ruhe in Ihrem Stadtplan, der auf dem Beifahrersitz liegt, nachsehen, wo Sie jetzt abbiegen müssen, um stressfrei an Ihr Ziel zu gelangen. Doch die Ampel bleibt auf Grün stehen und will einfach nicht umspringen. Vielleicht haben Sie nun auch noch eine grüne Welle und alle weiteren Ampeln garantieren Ihnen freie Fahrt. Ist das nicht wie verhext? Wenn wir es eilig haben, zeigt die Ampel uns Rot an – und jetzt, wo wir einen Stopp gebrauchen könnten, steht sie auf Grün.

Die Ampelgeschichte zeigt:

- Unser Fokus bestimmt, was wir wahrnehmen.
- Unsere Wahrnehmung hängt also von unserem momentanen Fokus ab.
- Wenn wir uns auf ein Problem konzentrieren, werden wir auch weitere Probleme finden, ohne danach suchen zu müssen. Wir nehmen nur noch die roten

Ampeln wahr, auch wenn es gleich viele grüne Ampeln auf unserem Weg gibt.

Eine ähnliche Konstellation ergibt sich, wenn unser Partner oder wir selbst – je nach Geschlecht – schwanger sind oder gerade Nachwuchs bekommen haben: Auf einmal scheint die Welt voller schwangerer Frauen zu sein, und plötzlich ist auf den Bürgersteigen kein Platz mehr, weil viele Familien wie wir selbst mit von Stolz geschwellter Brust den Kinderwagen vor sich herschieben.

Das heißt für unser Thema: Wenn Sie ein Problem haben oder in einer unangenehmen Situation stecken, dann werden Sie vor allem solchen Menschen begegnen, die das gleiche Problem haben oder dieselbe problematische Situation durchlaufen wie Sie:

- Menschen mit Beziehungsproblemen reden mit Menschen mit Beziehungsproblemen.
- Menschen mit Finanzproblemen treffen automatisch auf Menschen mit Finanzproblemen.
- Menschen mit Gewichtsproblemen reden mit Menschen mit Gewichtsproblemen.

Solche Konstellationen sind sicherlich zuweilen sinnvoll und auch notwendig. Aber Sie werden mir wahrscheinlich recht geben, dass bei solchen Zusammentreffen das jeweilige Problem im Mittelpunkt steht und ausführlich von allen Seiten beleuchtet wird.

Schließen wir uns einer solchen „Leidensgruppe" an, befinden wir uns in einer Negativspirale und werden immer weiter in sie hineingetrieben. Dies wird verstärkt durch folgenden Umstand: Diese Gruppen scheinen auf eine nahezu magische Art und Weise Menschen anzuziehen, die ich „Problemversteher" und „Problemverherrlicher" nenne. Sie klagen und jammern und sind sich einig, dass ihr Leben schlimm ist und es niemanden außer ihnen selbst gibt, der sie richtig versteht. Sie vergraben sich geradezu in ihrem Problem, und es ist eben jenes Problem, das ihr wichtigster, wenn nicht sogar einziger Lebensinhalt ist.

Wenn Sie sich in einem solchen „Leidens-Club" befinden, gibt es nur eine Möglichkeit: Sie müssen ihn verlassen und sich von dieser unglückseligen Problemfokussierung befreien. Nur so können Sie von der Negativspirale in die Positivspirale kommen. Gehen Sie in Distanz zu denjenigen Menschen, durch deren Umgang Sie immer nur noch tiefer in den Problemsumpf hineingetrieben werden.

Nehmen Sie sich eine Minute Zeit zur Selbstbefragung

Verdeutlichen Sie sich Situationen und Gespräche, in denen es Ihnen gelungen ist,

- ein schwieriges Problem zu lösen,
- sich aus der Negativspirale zu befreien und
- sich durch erfolgsfördernde Erlebnisse in die Positivspirale einzuklinken.

Als Lösungsfinder lassen Sie sich nicht von Ihrem Problem „auffressen" und in die Negativspirale ziehen. Sie erkennen die Menschen und Gewohnheiten, die Sie an das Problem fesseln, und befreien sich von ihnen.

30

2.2 Schritt 2: Hemmende Glaubenssätze verabschieden

Neben dem „Aufenthalt" im Leidens-Club sind es unsere negativen Überzeugungen und Glaubenssätze, die uns daran hindern, ein Problem möglichst unvoreingenommen und objektiv unter die Lupe zu nehmen und zu analysieren. Also sollten wir uns von ihnen verabschieden oder sie gegen positive Glaubenssätze eintauschen.

Unsere Glaubenssätze und Vorstellungen bestimmen die von uns wahrgenommene und wahrnehmbare Realität. Unser Leben verläuft zu einem Großteil nach unseren unbewussten Prägungen und Glaubenssätzen. Das heißt: Die Gesamtheit unserer Einstellungen, Meinungen, Vorurteile und Gefühle bestimmt unser Erleben in der Welt: Unsere äußere Wirklichkeit ist ein Abbild unserer inneren Wirklichkeit. Oder: Die Wirklichkeit ist nur ein Spiegelbild unseres Bewusstseins; alles, was außen in Erscheinung tritt, ist nur ein Abbild der inneren Wirklichkeit. Und das bedeutet, dass jeder Mensch seine Realität in sich erschafft.

Einstellungen determinieren Verhalten

Die Tatsache, dass wir oft von unseren Glaubenssätzen abhängig sind, hat erhebliche Folgen für unsere Einstellung zum Leben, zu uns selbst, zu unseren Mitmenschen und Mitarbeitern: Ich kenne einige Unternehmer und Führungskräfte, die sich durch die prinzipielle Überzeugung, also den Glaubenssatz: „Ich muss perfekt sein", einem unerträglichen Druck aussetzen und jede auch noch so unbedeutende berufliche Tätigkeit unter der Fuchtel des Perfektionismus absolvieren.

Das Problem ist Folgendes: Die Beurteilung der eigenen Person, also das Selbstbild, aber auch die Bewertung anderer Menschen und Situationen, stehen in Abhängigkeit von solchen Überzeugungen, die im Unterbewusstsein abgespeichert sind. Sie beeinflussen und steuern die Art und Weise, wie wir die Realität wahrnehmen, und somit auch unser konkretes Handeln.

Ein Beispiel aus dem Berufsleben soll den Zusammenhang verdeutlichen: Stellen Sie sich bitte vor, dass Sie als Chef eines Unternehmens der festen Überzeugung sind, Ihre Mitarbeiter seien völlig unfähig. Dann droht die Gefahr, dass Sie aufgrund Ihrer Überzeugung auch in dem zukünftigen Handeln Ihrer Mitarbeiter immer nur nach einer Bestätigung für Ihre Überzeugung suchen. Sie sind dann gar nicht mehr in der Lage, die Angestellten objektiv und vorurteilsfrei zu beurteilen. Was auch immer diese tun: Sie als Vorgesetzter werden immer nur Ihre negative Überzeugung bestätigt finden.

Das Beispiel zeigt, wie wichtig es ist, Glaubenssätze und Überzeugungen kritisch zu hinterfragen. In diesem Fall könnten es folgende Fragen sein:

- „Stimmt es wirklich, dass meine Mitarbeiter derart unfähig sind?"
- „Verallgemeinere ich eine einzelne Erfahrung zu einer grundsätzlichen Bewertung, mit der ich den Mitarbeitern nicht mehr gerecht werde?"

Glaubenssätze verändern

Glaubenssätze sind nicht von Natur aus gegeben, sondern geprägt durch die Sichtweise eines Menschen. Sie entstehen aufgrund seiner Erfahrungen und der daraus abgeleiteten Erkenntnisse. Sie können jedoch verändert, ausgetauscht oder zumindest erweitert werden. Besonders schwierig ist es, früh erworbene und vielleicht bereits in der Kindheit verankerte Überzeugungen – wie etwa: „Ich muss perfekt sein" – zu beeinflussen. Etwas leichter fällt es in der Regel, diejenigen Überzeugungen zu verändern, die erst später erworben wurden – wie die Beurteilung der Qualifikation eines Mitarbeiters. Es liegt aber immer in Ihrer Hand, etwas zu ändern. Prüfen Sie sich, ob Sie bereit sind, Ihre Glaubenssätze zu verändern, wenn Sie es für notwendig halten.

Hemmende Überzeugungen und Glaubenssätze blockieren Energien und Potenziale und lassen Sie quasi nur mit „halber Kraft" an die Lösung eines Problems herangehen. Wer eine Aufgabe mit der Überzeugung lösen will: „Das schaffe ich bestimmt nicht", programmiert sich auf Misserfolg Er wird seine Potenziale nicht voll und ganz zur Bewältigung der Aufgabe einsetzen können – und wahrscheinlich tatsächlich scheitern. Zudem wird er sich in seiner negativen Grundüberzeugung nur bestätigt finden.

Fördernde Überzeugungen hingegen wie „Ich schaffe das" führen zur Freisetzung von Ressourcen, die in den Dienst der Sache gestellt und zur Lösung des Problems eingesetzt werden können.

Glaubenssätze umdeuten

Hemmende Glaubenssätze können in ein anderes Umfeld gesetzt oder umgedeutet werden. In der Sprache der Neurolinguistischen Programmierung (kurz NLP) heißt diese Technik „Reframing". „Frame" ist der „Rahmen", und Reframing meint, einen neuen Rahmen zu konstruieren. Wird ein Problem „reframt", dann bekommt dasselbe Ereignis eine ganz neue Bedeutung, sodass neue Verhaltensweisen möglich werden. Reframing meint also den Prozess des Umdeutens, der es erlaubt, eine neue Perspektive ein zunehmen und etwas auf eine ganz andere Art und Weise zu interpretieren. So können Sie eine Eigenschaft, die Sie bei sich selbst oder jemand anderem als negativ empfinden, in einen Zusammenhang stellen, in dem diese Eigenschaft sich als nützlich erweist.

Dazu ein Beispiel, das ich dem Führungskräftealltag entnehme: Abteilungsleiterin Gertrud Stettin bemängelt an dem Mitarbeiter Steffen Hartwig, dass dieser oft zu spät zu den freitäglichen Mitarbeitertreffen kommt. Der Mitarbeiter ist im Innendienst tätig, er telefoniert so gut wie den ganzen Tag. Die Überzeugung der Chefin lautet: „Steffen Hartwig ist ein unzuverlässiger Mitarbeiter, der nie auf die Zeit achtet."

Die Abteilungsleiterin könnte einmal die Perspektive wechseln und sich die Frage stellen: „Angenommen, ein Kunde will ein beratungsintensives und darum längeres Gespräch mit einem Mitarbeiter führen: Wäre es dann nicht von Vorteil, wenn sich Steffen Hartwig auf das Gespräch einlässt, ohne auf die Uhr zu schauen, nur weil ein Meeting ansteht?"

Dieses „Umdeuten" erlaubt es der Chefin, zumindest einmal nach den Gründen für die Unpünktlichkeit des Mitarbeiters zu fragen:

- Vielleicht ist die Verspätung die Folge der Kundenorientierung des Mitarbeiters?
- Eventuell führt er lieber in aller Ruhe und Ausführlichkeit ein Kundentelefonat zu Ende, als pünktlich zum Meeting zu erscheinen?
- Vielleicht gibt es Situationen, in denen die Unpünktlichkeit des Mitarbeiters weniger Ausdruck für seine Unzuverlässigkeit ist, sondern eher dafür, dass er seinen Beruf und die Kunden sehr ernst nimmt?

Ob es nun tatsächlich so ist: Gertrud Stettin weiß es einfach nicht oder sie will es nicht wissen. Denn für sie steht allein der pünktliche Beginn des Meetings im Vordergrund. Doch der Prozess des Umdeutens könnte sie von einer Denkblockade befreien und den unverstellten Blick auf die Gründe für die Mitarbeiterverspätung freilegen.

Übrigens: Die Abteilungsleiterin hat mittlerweile die Gründe für die Verspätung erkannt – und damit das eigentliche Problem, das eigentlich gar keines war. Denn sie kann die Kundenfreundlichkeit ihres Mitarbeiters nicht als „Problem" definieren. Gertrud Stettin hat die Telefonzeiten und die Meetingzeiten besser aufeinander abgestimmt. Dieser arbeitsorganisatorische Mangel war das eigentliche Problem, und die Abteilungsleiterin selbst war die Ursache, weil sie Zeiten schlecht koordiniert hatte.

Nehmen Sie sich eine Minute Zeit zur Selbstbefragung

- Welche Glaubenssätze und Überzeugungen haben Sie bisher eher behindert?
- Welche Glaubenssätze und Überzeugungen haben Ihnen bei der Erreichung Ihrer Ziele eher geholfen?
- Welche Ihrer blockierenden Überzeugungen und Glaubenssätze können Sie durch förderliche ersetzen?

Formulieren Sie diese Überzeugungen und legen Sie fest, welche Auswirkungen sie auf Ihr praktisches Handeln haben.

Menschen mit fördernden Überzeugungen erge-
ben sich nicht in ihr Schicksal und lassen sich nicht
von belastenden Situationen herunterziehen. Oder
konkreter: Sie beschäftigen sich im Berufsleben
nicht mit dem Problem, dass Mitarbeiter unfähig
sind, sondern damit, wie sie helfen können, Leis-
tungspotenziale aufseiten der Angestellten zu
entfalten.

30

2.3 Schritt 3: Schluss mit dem Problem-Mythos

Zu einem alten Rabbi kam ein Mann und klagte: „Rabbi,
mein Leben ist nicht mehr erträglich. Wir wohnen zu
sechst in einem einzigen Raum. Was soll ich nur ma-
chen?" Der Rabbi antwortete: „Nimm deinen Ziegenbock
mit ins Zimmer." Der Mann glaubte, nicht recht gehört zu
haben. „Den Ziegenbock mit ins Zimmer?" „Tu, was ich
dir gesagt habe", entgegnete der Rabbi, „und komm nach
einer Woche wieder."
Nach einer Woche kam der Mann wieder, total am Ende.
„Wir können es nicht mehr aushalten, der Bock stinkt
fürchterlich!" Der Rabbi sagte zu ihm: „Geh nach Hause
und stell den Bock wieder in den Stall. Dann komm nach
einer Woche wieder."
Die Woche verging. Als der Mann zurückkam, strahlte er
über das ganze Gesicht: „Das Leben ist herrlich, Rabbi. Wir
genießen jede Minute. Kein Ziegenbock – nur wir sechs."

Die Ziegenbock-Geschichte und das Beispiel der Abteilungsleiterin Gertrud Stettin haben einiges gemeinsam. Probleme sind immer etwas Relatives; was dem einen als unüberwindliches Hindernis erscheint, verlangt dem anderen nur ein müdes Lächeln ab. Und häufig stellt sich sogar heraus, dass das Problem gar keines ist oder auf einer ganz anderen Ebene angesiedelt werden sollte. Es geht nicht darum, das Problem wegzudiskutieren. Es geht aber darum, das Problem und seine Folgen so konkret wie möglich zu benennen. Und dazu eignen sich die folgenden Fragen:

- Erscheint Ihnen das Problem nur deshalb so groß und übermächtig, weil es von Ihnen übertrieben wird, vor allem in seinen Folgen?
- Ist es, wie im Ziegenbock-Beispiel, vielleicht gar nicht so schlimm, mit sechs Personen in einem Raum zu leben – denn es könnte ja noch viel schlimmer kommen?
- Ist das Problem, das Sie quält, überhaupt ein Problem? Oder bauen Sie einen Problempopanz auf?

Letzteres wird wahrscheinlich nur selten der Fall sein, denn Probleme werden selten „erfunden". Häufiger ist es schon so, dass Sie an einem Schein-Problem arbeiten und das eigentliche Problem „hinter dem Problem" noch gar nicht erkannt haben – wie Gertrud Stettin.

Das Problem als Schein-Problem
Dazu folgendes Beispiel – dieses Mal aus meinem Bekanntenkreis: Mein Freund Andreas klagt häufig darü-

ber, dass der Tag zu wenig Stunden und er nie genügend Zeit habe, um sich um alle seine Vorhaben zu kümmern. Wenn ich dann nachfrage, was genau los sei, bekomme ich Antworten zu hören wie: „Ich habe so viel Stress, weil ich heute noch so viele Dinge erledigen muss und nichts klappt."

Dann frage ich Andreas, warum er keine Zeit habe und was eigentlich denn nicht klappen würde, und bekomme die folgenden Antworten:

„Ich muss noch zur Wäscherei, um meinen Anzug abzuholen, den ich morgen brauche."

„Einkaufen für das Wochenende muss ich auch noch, und zwar bis 20:00 Uhr."

„Dann will ich für einen interessanten Kunden ein Angebot schreiben, er will es morgen vorliegen haben."

„Herr Meiser wartet noch auf meine Antwort zum Thema für sein Meeting morgen."

Und so weiter und so weiter ...!

Nun sage ich Andreas, dass ich es übernehmen würde, das Angebot zu schreiben, und dass er Herr Meiser eine E-Mail schreiben kann. Zeitaufwand für Andreas: vielleicht zwei Minuten. Nun kann er sich um die zwei privaten Dinge kümmern. Er überlegt, wie er die Fahrten zu Wäscherei und Einkaufszentrum am besten miteinander kombinieren kann, damit er nur einmal losfahren muss. Jetzt ist das scheinbar übergroße und übermächtige Problem kein Problem mehr, sondern eine mit ein wenig Überlegung lösbare Aufgabe.

Das nenne ich einen „Problem-Mythos", denn auf den ersten Blick scheint Andreas es mit einem großen Problem mit vielen Aufgaben und wenig Zeit zu tun zu haben. Doch mit ein bisschen Hilfe kann er sich von der Problemfixierung befreien, er kann sich von der ewigen Suche nach einem Problem lösen. Wenn er die Hintergründe des Problems ausleuchtet, verscheucht er das mythische Dunkel. Das eigentliche Problem liegt jetzt glasklar vor ihm, er kann es sehen, wenn er nur will: Es sind sein unangemessener Umgang mit der Zeit und seine fehlende Arbeitsmethodik. Er ist nicht zur Zeitplanung imstande, er kann nicht abstrahieren und die vielen kleinen Aufgaben aufeinander abstimmen.

Andreas kämpft mit der Zeit. Aber die Zeit sollte nicht als „Feind" betrachtet, sondern als Verbündete begrüßt werden. „Dafür habe ich einfach keine Zeit." Jeder Tag ist 1.440 Minuten lang, für jeden von uns. Der Nachteil dabei: Daran lässt sich nicht rütteln, die Zeit ist nicht dehnbar und keine Zeitmanagementtechnik der Welt ändert etwas an dieser Tatsache. Der Vorteil: Wir wissen, dass uns genau dieses Zeitkontingent zur Verfügung gestellt wird: Somit ist Zeit planbar. Es kommt nun ganz auf uns an, wie wir das „Geschenk" Zeit nutzen, das jeden Tag aufs Neue als „Betriebskapital" bereitliegt: „Heute will ich meine 1.440 Minuten nutzen, um ..." Andreas sollte nicht gegen die Zeit arbeiten, sondern mit der Zeit. Weil Andreas nicht mit „Zeit" umgehen kann, ist er auch nicht in der Lage, sie zu gestalten, sich Ziele zu setzen, Prioritäten zu bestimmen und dann ein Ziel nach dem anderen mithilfe geeigneter Umsetzungsmaßnahmen zu erreichen.

Schein-Probleme am Arbeitsplatz

Doch nun genug von Andreas. Sein Beispiel verdeutlicht, dass Sie sich fragen sollten:

- Ist Ihr Problem überhaupt ein Problem?
- Haben Sie es mit einem Problem hinter dem Problem zu tun, das Sie zunächst erst einmal erkennen müssen, bevor Sie es unter die Analyselupe legen können?

Gerade im Berufsleben wird der Problem-Mythos heiß und innig geliebt und zelebriert. Alles scheint ein Problem zu sein, und selten wird gefragt, ob man sich mit dem eigentlichen Problem beschäftigt oder mit einem Schein-Problem.

Nehmen Sie sich eine Minute Zeit zur Selbstbefragung

Erkennen Sie sich in den folgenden Darstellungen wieder?

- Viele Führungskräfte klagen über das Problem, ihre Mitarbeiter würden nicht richtig zusammenarbeiten. Untersuchungen zeigen, dass Vorgesetzte viel zu wenig mit ihren Mitarbeitern sprechen und zum Beispiel keine Zielvereinbarungsgespräche führen. Das ist das Problem, das bekämpft werden muss.
- Viele Führungskräfte beschweren sich darüber, dass delegierte Aufgaben wieder auf ihrem Schreibtisch

landen mit dem Vermerk „unerledigt". Das eigentliche Problem: Sie beherrschen die Delegationsregeln nicht und übertragen nur Aufgaben – nicht aber die entsprechenden Kompetenzen und die Verantwortung.

- Fragen Sie sich nun: Welche Ihrer Probleme sind überhaupt welche – und hinter welchen müssen Sie das wahre Problem erst erkennen?

Verantwortlichkeiten für die Problemlösung klären

Um ein Problem schnell und effektiv zu lösen, ist es wichtig, dass Sie die Frage der Verantwortung geklärt haben. Sollten Sie die Frage „Wer ist für die Problemlösung verantwortlich?" nicht mit „Ich" beantworten können, ist es auch nicht Ihr Problem, das es zu lösen gilt. Sie meinen jetzt vielleicht, das sei sehr eigennützig und egoistisch, doch es ist für eine gute Lösung sehr wichtig, dass Sie wissen, wer welche Verantwortung hat und von wem welches Problem gelöst wird.

Hierzu ein Beispiel: Ich arbeite für ein Weiterbildungsunternehmen. Unsere Trainer und Coaches werden von unseren Kunden zu den unterschiedlichsten Problemlösungen im Vertrieb gebucht. Ein Ziel ist, dass die Verkäufer den Ertrag steigern. Dabei sollen wir ihnen helfen. Unsere Vorgehensweise: Nachdem wir die Aufgaben geklärt haben und wissen, was *wir* zu tun haben, verteilen wir auch gleich die Verantwortungen. Die Verantwortung für und über den Vertrieb haben wir nicht, doch was in dem Training passiert, liegt eindeutig in unserem Verantwortungsbereich. Die Verkaufsfähigkeiten der Mitarbeiter sollen verbessert werden. Das ist unsere Verantwortung und somit ein Problem, das wir lösen müssen – und lösen können. Stellen Sie also immer die Frage: „Ist es überhaupt *mein* Problem, das zur Lösung ansteht?" Der Problem-Mythos ist auch deswegen so schwer aufzubrechen, weil sich viele Menschen einen Problemschuh anziehen, der ihnen gar nicht passt oder der ihnen gar nicht gehört: Problemorientierte Menschen wollen auch Probleme lösen, die sie gar nichts angehen.

Der Problem-Mythos hat viele Facetten: Es kann durchaus sein, dass das Problem bei näherer Betrachtung keines ist. Oder es verdeckt den freien Blick auf das Problem, das der Lösungsfinder wirklich hat. Oder es ist zwar ein Problem – aber nicht seines.

2.4 Schritt 4: Die Problemkette analysieren

Sie haben sich nun von den Menschen getrennt und von den Glaubenssätzen befreit, die einen freien Blick auf Ihr Problem ver- oder behindert haben. Und Sie haben überprüft, ob Sie es mit einem Schein-Problem zu tun hatten. Jetzt liegt Ihr Problem unverstellt vor Ihnen – wie bei Andreas, der sich nun intensiv um den Aufbau eines Zeit- und Zielmanagements kümmern kann. Wenn Sie das Problem gesichtet haben, können Sie es objektiv und unvoreingenommen analysieren. Es ist wichtig, sein Problem genau zu kennen, um zu wissen, wo, wie und warum „der Schuh drückt". Denn nur ein konkret beschriebenes und definiertes Problem lässt sich lösen. Beachten Sie jedoch: Analysieren Sie nur so viel wie nötig, aber nicht mehr als notwendig. Denn die meiste Zeit sollten Sie in die Problemlösung investieren.

Bei der Analyse kommt es darauf an, das Problem so eindeutig und so konkret wie möglich zu bestimmen. Sinnvoll ist es, eine Problemkette zu bilden, sodass die einzelnen Aspekte des Problems deutlich vor Augen treten. Zur Verdeutlichung wähle ich ein weiteres – idealtypisches – Beispiel.

Das Problem zergliedern

Ein Vertriebsleiter stellt fest, dass die Terminvereinbarungsquote im letzten Quartal deutlich zurückgegangen ist. Seine Außendienstler fahren zu wenig raus zum Kunden. Statt nun die Terminvereinbarungsquote zu verbessern, indem er sie hochsetzt, fragt er sich erst einmal, warum sie zurückgegangen ist. Antwort: Zwei der Innendienstmitarbeiter haben ihre telefonische Neukundenakquisition so gut wie eingestellt und scheinen ihren Arbeitstag mit allen möglichen Dingen zu verbringen – nur nicht mit dem Telefonieren.

Besteht die Problemlösung also darin, mit den zwei Mitarbeitern zu sprechen? Nein – denn auch deren Arbeitsverhalten ist nur ein Glied in der Problemkette: Durch Gespräche mit einigen Mitarbeitern findet der Vertriebsleiter heraus, dass die beiden Innendienstler heftig gemobbt werden und das Betriebsklima von Blitz und Donner geprägt ist. Rädelsführer der Mobber ist ein bestimmter Mitarbeiter, und das gewittrige Betriebsklima ist vor allem darauf zurückzuführen, dass in der Vergangenheit schwelende Konflikte unter den Teppich gekehrt worden sind. Verantwortlich für die konstruktive Konfliktbewältigung ist der Vertriebsleiter selbst. Und das wiederum heißt ...

Doch halt! Belassen wir es dabei. Ich hoffe, es ist deutlich geworden, dass durch eine lösungsorientierte Haltung, die nach den Problemursachen fragt und diesen auf den Grund geht, das Problem in all seinen Facetten immer mehr ausgeleuchtet werden muss. Schauen wir uns die Kette noch einmal an:

Terminvereinbarungsquote sinkt.

- Ursache: Zwei Innendienstler bringen schlechte Arbeitsleistungen.
- Ursache: Sie werden gemobbt.
- Ursache: Rädelsführer animiert andere Mitarbeiter zum Mobben, schlechtes Betriebsklima.
- Ursache: verdeckte Konflikte
- Ursache: Führungsschwäche des Vertriebsleiters

Diese idealtypische Problemkette zeigt zum einen, wie lange man graben und forschen muss, um den eigentlichen Problemen auf die Spur zu kommen. Zum anderen veranschaulicht sie einen weiteren großen Vorteil der detaillierten Problemanalyse: Der Vertriebsleiter verfügt nun über gleich mehrere konkrete Ansatzpunkte, um zu Verbesserungen zu gelangen. Er merkt, dass er bei sich selbst ansetzen und seine Konfliktlösungskompetenz erweitern muss. Er sollte Konfliktlösungsstrategien entwickeln, mit denen er die verdeckten Konflikte in seiner Abteilung bearbeiten kann, sowie ein Früherkennungssystem implementieren, mit dem er zukünftig Konflikte rechtzeitig identifiziert. Langfristig sollte sein Ziel sein, aus den vereinzelten Vertriebsmitarbeitern wieder ein schlagkräftiges Team zu formen. Außerdem stellt er fest: Jener mobbende Rädelsführer muss entlassen werden und es sollte ein Motivationsgespräch mit den beiden Innendienstlern geführt werden.

Nehmen Sie sich eine Minute Zeit zur Selbstbefragung

- Sind Sie bereit zu akzeptieren, dass es bei der Problemanalyse keine eindimensionalen Ursache-Wirkungs-Zusammenhänge gibt?
- Nehmen Sie sich je ein Problem aus dem Privatund aus dem Berufsleben vor und erstellen Sie eine Problemkette. Sind Sie dazu in der Lage?

- *Wer sich von Problemsuchern und Problemverherrlichern fernhält, hat bessere Chancen, sein Problem objektiv zu analysieren.*
- *Wer seine hemmenden Glaubenssätze erkennt, kritisch hinterfragt, ändert und umdeutet, macht den Weg frei für die Problemanalyse.*
- *Nicht jedes Problem ist wirklich ein Problem, nicht jedes Problem dasjenige, das bearbeitet werden muss – häufig muss „das Problem hinter dem Problem" erkannt werden.*
- *Das Problem muss so konkret und detailliert wie möglich benannt und beschrieben werden. Dabei hilft die Problemkette: Der Lösungssucher dringt dabei immer tiefer in die Problemursachen ein.*
- *Allerdings sollte der Lösungssucher das Problem nicht zu Tode analysieren. Er muss so rasch wie möglich in die Lösungsphase kommen – Voraussetzung dafür aber ist die objektive Analyse.*

30 MINUTEN

3. Stellen Sie die richtigen Lösungsfragen

Sie begreifen Probleme nun als Chancen und lösbare Aufgaben (Kapitel 1) und haben Ihr Problem einer Analyse unterzogen (Kapitel 2) – jetzt können die Lösungen in Angriff genommen werden!

3.1 Lösungsbewusstsein durch Fragen schaffen

Stellen Sie sich den Super-GAU in Ihrem Unternehmen vor. Ein weltweit vertriebenes Produkt muss zurückgezogen werden, weil es ein gesundheitsschädliches Mittel enthält. Eine weltweite, teure und imageschädigende Rückrufaktion wird eingeleitet. Das Ergebnis: Das Unternehmen steht am Pranger, der Skandal ist ein gefundenes Fressen für die Medien, die Telefonleitungen laufen heiß, weil ängstlich-besorgte Kunden Informationen benötigen.

Wie beginnen Sie die nächste anstehende Geschäftsleitungssitzung? Vielleicht mit folgenden Fragen:

- „Wie ist dieses Problem entstanden?"
- „Wer ist schuld daran?"
- „Warum muss das gerade uns passieren?"
- „Welche Defizite gilt es zu beheben?"

Oder Sie eröffnen die Sitzung mit: „Es sind unverzeihliche Dinge passiert und wir werden Sie ausbaden müssen. Aber was hat in den letzten Tagen funktioniert, was hat sich bewährt, was haben wir in dieser schwierigen, ja bedrohlichen Situation klasse hingekriegt?"

Wenn Sie sich für die erste Alternative entscheiden und problemorientierte Fragen stellen, wird die Sitzung in einem Desaster, in Streit und Krach enden. Die bestim-

mende Denkhaltung ist dabei: „Wie kann ich dem anderen die Schuld geben, wie komme ich selbst mit einer
blütenweißen Weste aus der Sache heraus?" Die ge-
nannten Fragen weisen in die Vergangenheit und helfen uns jetzt und in Zukunft nicht weiter. Die Vergangenheit ist vorbei und kann nicht mehr verändert werden. Wir leben in der Gegenwart, im Hier und Jetzt. Und
im Hier und Jetzt haben wir die Möglichkeit, unsere
Zukunft selbst zu bestimmen.

Die zweite Haltung hingegen ist lösungsfokussiert und
schafft bei allen Beteiligten ein Lösungsbewusstsein. Es
sind Fragen wie die folgenden, die die Grundlage dafür
schaffen, dass sich das Gespräch um die Lösungen und
die Kompetenzen der Teilnehmer, die zu einer Lösung
beitragen können, dreht:

- „Was wollen wir erreichen?"
- „Was wissen wir über sinnvolle Lösungsansätze?"
- „Wie verdeutlichen wir, dass wir die Sache im Griff
  haben?"
- „Was sind die nächsten Schritte?"
- „Wer kann uns jetzt helfen?"
- „Was ist jetzt zu tun?"

Das sind Zukunftsfragen, die uns bei der Lösung eines
Problems unterstützen. Das heißt: Ihre Fragen entscheiden darüber, ob bei der Problemlösung Defizite
und Schwierigkeiten im Mittelpunkt stehen – oder Lösungen und Kompetenzen, die zur Lösung aktiviert

werden und die für eine konstruktive Atmosphäre sorgen. Diese „gelöste Lösungsstimmung" ist sehr wichtig für den Problemlösungsprozess.

Nehmen Sie sich eine Minute Zeit zur Selbstbefragung
Untersuchen Sie Ihr Frageverhalten: Stellen Sie bei der Problemlösungssuche eher vergangenheitsorientierte Fragen oder Fragen, die zur Zukunftsbewältigung beitragen? Tauschen Sie jetzt Ihre Problemfragen gegen Lösungsfragen aus.

Ein lösungsorientiertes Denken und Handeln ist immer auf die Zukunft gerichtet und vermeidet das Suhlen in der Vergangenheit. Zukunftsgerichtete Fragen schaffen ein Lösungsbewusstsein.

3.2 Lösungswünsche und Lösungsziele benennen

Auf dem Weg zur kreativen Problemlösung ist es wichtig, ein Lösungsbewusstsein zu entfalten. Das haben Sie geschafft, indem Sie die „richtigen" Fragen gestellt haben. Nun sollten Sie Ihren Lösungswunsch formulieren. Dabei gelten ein paar „Gesetze":

Gesetz 1: Nichts ist unmöglich

Vermeiden Sie es, in dieser Phase des Problemlösungsprozesses Blockaden und Barrieren zu errichten. Formulieren Sie Lösungswünsche, ohne eine Machbar-
keitsstudie vorzunehmen und nach der Realisierbarkeit
zu fragen.

Ich möchte an dieser Stelle den Begriff der Vision ins
Spiel bringen. Eine Lösungsvision hilft, die Black Box
des Alltagsgeschäftes zu verlassen, sie befreit von den
Fesseln des operativen Geschäfts, sie weitet den Blick
und eröffnet das Panorama auf die Situation, die sich
ergibt, wenn Sie Ihr Problem gelöst haben. Trauen Sie
sich also, die „unmögliche" Problemlösung zu denken
– dann erreichen Sie das Mögliche!

Gesetz 2: Trennen Sie sich von utopischen Lösungen

Irgendwann ist es so weit, Sie müssen sich von den un-
möglichen, den tatsächlich unrealistischen Lösungen
verabschieden. Aber erst nachdem Sie sich zuvor Zeit
für die Visionen genommen haben, denn wenn Sie die
realistische Denkweise bereits beim Schritt zuvor beherzigen, blockieren Sie sich möglicherweise selbst,
sodass einige Lösungen gar nicht erst das Licht der Ide-
enwelt erblicken.

Gesetz 3: Formulieren Sie realistische Ziele

Jetzt bleiben die Lösungen übrig, mit deren Realisierung Sie sich näher und intensiver beschäftigen sollten.

Wunschterrasse mit Zielfarbe

Ich möchte Ihnen ein einfaches Beispiel vorstellen, um den Unterschied zwischen idealem Lösungswunsch und realistischem Lösungsziel zu verdeutlichen:

Für unsere Terrasse hatte meine Frau eine Sitzgarnitur aus Rattan bestellt. Nachdem der Liefertermin weit überschritten war und meine Frau schon zweimal angerufen hatte, teilte ihr ein Mitarbeiter der Lieferfirma mit, dass er nicht sagen könne, wann die Sitzgarnitur in der gewünschten Farbe geliefert werden könne. Was tun? Dem Mitarbeiter das Leid klagen? Einen Schuldigen suchen? Meine Frau stellte sich Lösungsfragen und formulierte das Wunschziel, die Terrasse mit dem Möbel in der gewünschten Farbe gemeinsam mit Freunden baldmöglichst einzuweihen. Dies teilte sie der Möbelfirma auch so mit und erfuhr: Sitzgarnitur – bestimmte Farbe – baldmöglichst: Alle drei Kriterien waren nicht zu erfüllen. Meine Frau fragte nach, ob die Garnitur in einer anderen Farbe lieferbar sei, möglicht in einem Braunton. Das war ihr neues Lösungsziel, denn wichtig war uns vor allem die rasche Einweihung der neuen Terrasse bei einem schönen Grillfest. Und das Ende des Sommers nahte bereits. Es stellte sich heraus, dass das Möbel in der gewünschten Farbe lieferbar war, und zwar schon zwei Tage später. Und es kam noch besser: Die Firma schlug uns vor, die Sitzgarnitur jetzt zu einem günstigeren Preis zu liefern – oder den Preis beizubehalten, aber die Garnitur gegen eine in der Wunschfarbe auszutauschen.

Diese Lösung war nur möglich, weil meine Frau sich einen genauen Lösungswunsch überlegt hatte und diesen dann auch formulierte. Und wir waren dann bereit, uns von der „utopischen" Lösung zu verabschieden, um die realisierbare zu verwirklichen. Auf diese Weise erhielten wir doch noch rechtzeitig das Wunschmöbel.

Gesetz 4: Nutzen Sie die Minimum-Maxium-Regel

Eine weitere Möglichkeit, realistische Ziele aus dem Zielkatalog herauszufiltern, besteht darin, eine Unter- und eine Obergrenze zu definieren. Worin bestehen die Vorteile?

Die Regel zwingt Sie zum einen, sich noch einmal mit der Wahrscheinlichkeit auseinanderzusetzen, ob sich eine Problemlösung durchsetzen lässt oder nicht.

Zum anderen entwickelt die Regel eine motivatorische Kraft – wer will bei seiner Zielerreichung schon am unteren Limit bleiben? Sie nehmen die bestmögliche Problemlösung unter den realistischen Alternativen in den Fokus und engagieren sich, um diese zu verwirklichen.

Wir kennen diese Vorgehensweise aus dem Sport: „Ich will die 100 Meter mindestens in 10,5 Sekunden laufen, ideal wären 10,2." Oder: „Wir müssen das Hinspiel zumindest zu null spielen, aber ein Sieg mit zwei Toren Unterschied ist das Idealziel." Das Minimalziel und das Maximalziel sind genau abgesteckt, wobei das Maximum im Bereich des Möglichen liegt.

Der Zielkorridor, den Sie so aufbauen, gibt Ihnen überdies Halt und Sicherheit. Sie wissen genau, was Sie wollen, und sind auf diese Weise klar fokussiert. Und er erleichtert Ihnen nach der Problemlösung die Erfolgskontrolle. Sie stellen sich die konkrete Frage: „Liegt die Zielerreichung in dem geplanten Zielkorridor?"

Gesetz 5: Laden Sie Ihre Problemlösung mit fördernden Emotionen auf

Wenn es Ihnen gelingt, Ihre Problemlösung mit positiven Gefühlen zu verknüpfen, fällt es Ihnen leichter, sich auf die Verwirklichung zu konzentrieren.

Wichtig dabei ist, dass die Problemlösung keinem anderen Menschen zum Nachteil gereichen und niemanden verletzen darf.

Die Hirnforschung belegt: Der Mensch trifft Entscheidungen zu einem Großteil auf der emotionalen Ebene. Ein Beispiel: Positive Emotionen führen zu positiven Kaufentscheidungen. Darum: Emotionalisieren Sie Ihre Problemlösung wo immer möglich, beziehen Sie auch die einzelnen Schritte, die zur Lösung führen, in diesen Emotionalisierungsprozess ein.

Gesetz 6: Nutzen Sie die Kraft der Affirmationen

Auch mit Hilfe der sogenannten Affirmationen können Sie Energien mobilisieren, die Sie benötigen, um Ihre Problemlösung zu verwirklichen. Der Begriff Affirmation kommt aus dem Lateinischen und bedeutet: Bekräftigung, Bejahung, Zustimmung.

Affirmationen können Sätze sein, die Sie sich selbst ausgedacht haben und sich in der Ich-Form laut und deutlich vorsprechen. Sie können Sie aber auch aus Sinnsprüchen oder Aussprüchen von Persönlichkeiten ableiten.

Worte und Vorstellungen beschäftigen fast permanent unser Denken. Die innere Gedankenflut nehmen wir meistens gar nicht wahr. Trotzdem prägen diese Gedanken unsere Gefühle und Wahrnehmungen. Durch Affirmationen können wir allmählich alte und selbstgewählte Gedankenmuster durch positivere Ideen und Gedanken ersetzen und uns vorstellen, welchen Nutzen und welche Vorteile es hat, wenn wir die Problemlösung realisieren.

Zwei Beispiele für Affirmationen in der Ich-Form sind:

- Ich weiß, dass die Problemlösung einen hohen Nutzen für ... bringt.
- Ich bin sicher, dass die Problemlösung mir hilft, ...

Gesetz 7: Lernen Sie, mit Rückschlägen umzugehen

Natürlich kann es Ihnen passieren, dass sich Ihre Problemlösung trotz aller Bemühungen nicht so verwirklichen lässt, wie Sie sich das vorgestellt haben. Dann heißt es: nicht aufgeben, es noch einmal probieren. Überlegen Sie, woran es gelegen haben könnte, dass es beim ersten Mal nicht funktioniert hat – und prüfen Sie, wie Sie es beim zweiten oder auch dritten Anlauf besser hinbekommen.

Nehmen Sie sich eine Minute Zeit zur Selbstbefragung

Knöpfen Sie sich ein aktuelles Problem – aus Privatoder Berufsleben – vor und notieren Sie:

- Wie sehen Ihre Lösungswünsche und Lösungsvisionen aus?
- Welche Verwirklichungschancen haben die einzelnen Lösungen?

Sortieren Sie utopische Vorschläge aus und formulieren Sie Ihre realistischen Lösungsziele.

- *Ein wichtiger Schritt auf dem Weg zur Problemlösung ist die Unterscheidung zwischen Lösungswünschen und Lösungszielen.*
- *Bei der Formulierung der Lösungswünsche darf es ruhig visionär zugehen!*
- *Es geht darum, aus einer Vielzahl an möglichen Lösungen die realistischen herauszufiltern.*
- *Laden Sie Ihre Problemlösung mit positiven Emotionen auf – damit erhöhen Sie die Wahrscheinlichkeit, dass Sie sie umsetzen können.*

30

30 MINUTEN

4. Kreative Lösungswege fernab der Trampelpfade

Der Küchenjunge auf einem Fischerkutter erhält vom Koch den Auftrag, dem Kapitän morgens um 6 Uhr eine Tasse Kaffee auf die Brücke zu bringen. Vom ersten Auftrag zurück, erzählt er dem Koch: „Ich habe eine Ohrfeige bekommen, weil der Kaffee übergeschwappt ist. Aber das ist ja auch kein Wunder bei der Windstärke!" „Dann mach die Tasse nicht ganz voll", rät ihm der Koch, was der Junge am nächsten Morgen auch beherzigt. Doch auch beim zweiten Mal beschwert er sich: „Ich hab schon wieder eine Ohrfeige bekommen – weil die Tasse nicht ganz voll war." „Jetzt weiß ich auch nicht mehr weiter", sagt der Koch, „lass dir doch selbst etwas einfallen!"
Am nächsten Morgen kommt der Junge vom Kaffeebringen zurück, der Koch fragt: „Wie war's?" „Prima", antwortet der Junge, „alles in Ordnung. Ich habe die Tasse vollgemacht, einen großen Schluck davon abgetrunken, bin bis vor die Tür hochgelaufen, habe den Kaffee wieder reingespuckt, und dann – bin ich gelobt worden!"

4.1 Beim Denken die Richtung wechseln

Probieren Sie auch mal etwas Neues aus, beherzigen Sie den Ausspruch des französischen Künstlers und Schriftstellers Francis Picabia, der einmal sagte: „Der Kopf ist rund, damit das Denken die Richtung wechseln kann."

Erfolgreiche Lösungsfinder haben in der Regel eines gemeinsam: Sie verlassen – wie der Küchenjunge auf dem Fischkutter – herkömmliche Denkbahnen, sind offen für neue Denkweisen und produzieren innovative Ideen am laufenden Band. Dazu benötigen sie eine Atmosphäre voller Spaß und Freude an der Entdeckung des Unbekannten. In lösungsorientierten Unternehmen wird den Menschen der Spielraum eingeräumt, den sie benötigen, um ihre Kreativität zu entfesseln.

Nehmen Sie sich eine Minute Zeit zur Selbstbefragung

Sind Sie willens, bekannte Dinge ins Ungewöhnliche zu verfremden, die Trampelpfade, auf denen sich alle aufhalten, zu verlassen und sich auf die Seitenpfade zu begeben? Weil Sie dort nämlich ungestört sind und umfangreiches Material für kreative Problemlösungen finden?

 Bei der Problemlösung und Lösungsfindung ist Kreativität oberstes Gebot.

4.2 Der Ökonomische Lösungsweg

Der Ökonomische Lösungsweg, den ich auch gerne mit der „Norddeutschen Lösung" gleichsetze, weil sie kurz und bündig und – typisch norddeutsch – mit wenigen Worten auskommt, ist ein sehr schneller und direkter Weg zur Lösung. Er ist geeignet, um Probleme anderer Menschen zu klären. Er lässt sich aber auch nutzen, um eigene Probleme zu lösen, und besteht aus drei Schritten.

Schritt 1: Kurze Problembeschreibung

Lassen Sie sich das Problem kurz erklären oder beschreiben Sie selbst es so knapp und klar wie möglich. Wichtig ist, dass es auf den Punkt gebracht wird, sich praktisch der Problemkern herausschält. Die Erfahrung zeigt, dass es in der Regel nicht länger als eine Minute dauert, um den Kern eines Problems glasklar zu benennen. Sollte es länger dauern, müssen Sie nochmals in die Problemanalyse hineingehen und sich eventuell mehr Detailinformationen zu dem Problem beschaffen.

Schritt 2: Turbofragen stellen: „Nur mal angenommen ..."

Nun geht es darum, den Blickwinkel zu verändern und von einem Problembewusstsein in ein Lösungsbewusstsein zu wechseln, und zwar nachhaltig. Dazu stellen Sie die „Nur mal angenommen"-Frage:

„Nur mal angenommen, Sie können das Problem wie im Traum lösen: Wie stellt sich die Situation dann dar?"

Diese hypothetische Frage führt dazu, dass Sie die Problemlösung(en) gedanklich vorwegnehmen und „so tun, als ob" das Problem gelöst sei. Sie erweitern Ihren mentalen Horizont und versetzen sich in eine Situation, in der Sie eine optimale Lösung bereits gefunden haben. Sie befinden sich jetzt in einer „Lösungslandschaft", nicht mehr in einer „Problemlandschaft", und können die nächste Lösungs-Turbofrage stellen:

„Nur mal angenommen, das Problem ist gelöst: Was haben Sie dazu unternommen und was haben Sie zuerst getan, damit die Lösung eintritt?"

Die Effektivität dieses ungewöhnlichen Lösungsweges lässt sich nur nachweisen, indem Sie ihn beschreiten. Stellen Sie sich also ein Problem vor, das Sie persönlich betrifft, und beschreiben Sie es – auf einem Notizblock – in aller Kürze.

Ein einfaches Beispiel: Sie sind Verkäufer und Ihr Auftragsvolumen ist zu gering. Jetzt fragen Sie sich: „Nur mal angenommen, das Auftragsvolumen ist optimal: Wie stellt sich die Situation dann dar?" Jetzt können Sie sich vor Ihrem geistigen Auge die Situation in den kräftigsten Farben so ausmalen, wie Sie sie sich wünschen. Oder Sie schreiben es sich sogar auf.

Die Antworten auf die „Nur mal angenommen"-Fragen müssen immer im Präsens formuliert sein und dürfen keine Absichtserklärung enthalten, sondern müssen den gewünschten Zustand als bereits erreicht beschreiben. Dann entfalten sie ihre volle Wirkkraft.

Nun folgt die nächste Frage: „Was haben Sie dazu unternommen und was haben Sie zuerst getan, damit das Auftragsvolumen stimmt?" Dieser Blickwinkel, der in die Zukunft gerichtet ist und das Problem als gelöst darstellt, führt in der Regel dazu, dass Sie frei von allen Blockaden Lösungsideen produzieren. Sie stellen sich in einer freudigen Umgebung und positivoptimistischen Atmosphäre – denn das Problem ist in Ihrer Vorstellung ja gelöst! – Techniken, Methoden und Strategien vor, die eine Lösung hervorrufen.

Doch Vorsicht! Fragen wie:

- „Nur mal angenommen, das wäre nicht passiert ..." oder
- „Nur mal angenommen, Sie hätten nicht das Problem ..."

sind in die Vergangenheit gerichtet und führen in eine Sackgasse. Dagegen sind Fragen wie:

- „Nur mal angenommen, es gäbe eine Lösung, was könnten Sie tun, um sie zu verwirklichen?" oder
- „Nur mal angenommen, Ihnen könnte jemand helfen: Wer ist das?"

bessere Fragen, da sie Ihnen als Zukunftsfragen helfen, etwas zu verändern, und Sie bei dem nächsten Schritt auf dem Ökonomischen Lösungsweg unterstützen.

Schritt 3: Drei-W-Plan

Formulieren Sie konkrete Aktivitäten mithilfe des „Drei-W-Plans":

- **W**er macht
- **w**as (Aufgabe beschreiben)
- **w**ann? Setzten Sie Termine, wann Sie die einzelnen Aufgaben erledigt haben wollen.

Das heißt, Sie übertragen nun die bisher nur vorgestellten Lösungsstrategien aus dem mentalen Bereich in die Realität und auf Ihre konkrete Problemsituation.

Lösungsfindung visualisieren

Der Ökonomische Lösungsweg nutzt die Technik der Visualisierung. Dabei können Sie sogar Ihr Unterbewusstsein als Verbündeten gewinnen, der Ihnen hilft, Ihre Problemlösung zu verwirklichen. Dazu müssen Sie es mit den dafür notwendigen Informationen füttern, und zwar in Form von Bildern. Denn das Unterbewusstsein kann bildhafte Informationen hervorragend verarbeiten. Das heißt, Sie müssen den gewünschten Soll-Zustand, der die Situation nach der Verwirklichung der Lösung darstellt, in kräftigen und motivierenden Bildern malen und dabei möglichst viele Sinne ansprechen. Wer sein Gehirn mit Bildern füttert, nutzt weitaus mehr als jene 10 Prozent, von denen Albert Einstein behauptete, nur dieser kleine Teil unseres Denkapparates würde von uns überhaupt zurate gezogen. Das erste Gesetz des lösungsorientierten und kreativen Menschen lautet:

„Denke bildhaft"

Schmücken Sie Ihre geistigen Bilder, Ihre geistigen Filme, in denen Sie sich Lösungsfindungen vorstellen, mit zahlreichen visuellen Eindrücken aus, in denen es farbig und bunt zugeht, riechen Sie die Bilder, schmecken Sie sie, hören Sie das, was auf den Bildern vorgeht, „fassen" Sie Ihre geistigen Bilder an. Die Vorstellungen, die dabei entstehen, laden Sie mit positiven Gefühlen auf – so können Sie sich voll und ganz mit Ihrem Vorhaben identifizieren und Freude und Begeisterung im Zusammenhang mit Ihrer Lösungsfindung entfalten.

Bitte beachten Sie dabei: Das Unterbewusstsein kann mit sprachlichen Verneinungen nichts anfangen. Sie sollten diese also vermeiden. Der Gedanke „Ich denke *nicht* daran, dass eine Problemlösung auch scheitern könnte" führt unweigerlich dazu, dass Sie ab sofort nur noch an misslungene Problemlösungen denken.

Und noch ein Tipp: Bilder imaginieren – als Kinder beherrschten wir diese Fähigkeit, aber im Laufe des Erwachsenenlebens ist sie uns aus den verschiedensten Gründen abhandengekommen. Darum sollten Sie Ihre bildhaften Vorstellungen, welche die Problemlösung imaginieren, auf Folgendes richten:

- konkrete Gegenstände,
- abstrakte Begriffe und Werte sowie
- ein konkreter Handlungsablauf.

Und natürlich brauchen Sie es nicht bei der Vorstellung zu belassen, sondern können zu Stift und Papier greifen

und ein tatsächliches Bild zum gewünschten Lösungs-
Zustand malen. Oder Sie fertigen eine Collage oder ein
Foto an. Bei der Visualisierung sind Ihrer Fantasie keine Grenzen gesetzt! Wichtig ist, das Bild so lebendig
und präzise wie möglich zu malen und sich mit dem
dargestellten Lösungszustand zu identifizieren.

**Nehmen Sie sich eine Minute Zeit zur Selbstbefra-
gung**
- Welche Ihrer aktuellen Probleme lassen sich mit der
  „Nur mal angenommen“-Technik schnell und ökono-
  misch lösen?
- Beherrschen Sie die Visualisierungstechnik? Stellen
  Sie sich zu Problemen Lösungen vor, die Sie in kräftigen Farben ausmalen – vor Ihrem geistigen Auge
  oder auch auf dem Papier.

*Kernstück des Ökonomischen Lösungswegs sind
die „Nur mal angenommen“-Frage und die Visualisierung vorgestellter Lösungen.*

4.3 Der Kompetenzteam-
Lösungsweg

Dieser Lösungsweg ist sehr von Nutzen, wenn Sie ein
Teamplayer sind und über ein gutes Beziehungsnetz-
werk verfügen. Wieder sind drei Schritte notwendig.

Schritt 1: Stellen Sie ein Kompetenzteam zusammen

Wenn Sie Ihr Problem konkretisiert haben, überlegen Sie, welche Aufgaben sich dadurch ergeben und welche Fähigkeiten sowie Kompetenzen Sie brauchen, um das Problem zu lösen. Dann suchen Sie nach denjenigen Menschen, die über diese Kompetenzen verfügen:

Beispiel

Problem: Firma braucht dringend € 25.000,- von der Bank	
Notwendige Fähigkeiten/Stärken	Personen
Finanzgeschick	Christian
Überzeugungsstrategie	Helmut
Entscheidungshilfe	Sabrina
Kreative & neue Ideen	Sabrina
...	...

Schritt 2: Klären Sie die Lösungsansätze mit den Teamplayern

Stellen Sie einen Plan auf, mit wem Sie wann über was sprechen sollten. Im Mittelpunkt der Gespräche steht jeweils der Beitrag des jeweiligen Teammitglieds für die Problemlösung:

- Welche kreativen Ideen hat Sabrina, um das Darlehen zu erhalten?

- Welche Finanzierungsmöglichkeiten und Alternativen kennt Christian?
- Helmut: Welche Gesprächsstrategie soll während der Verhandlung mit der Bank gefahren werden?

Sie können sich natürlich auch am runden Tisch mit *allen* Personen zusammensetzen und beratschlagen.

Schritt 3: Erstellen Sie die Lösungsstrategie und gehen Sie an die Umsetzung

Hierzu eignet sich wieder der „Drei-W-Plan". Wichtig ist, dass Sie die sich ergebenden Aufgaben und Umsetzungsideen terminieren: Bis wann wollen oder vielleicht sogar müssen Sie und die anderen Teamplayer was getan haben?

Oft fallen Lösungsfindungen im Team leichter als im stillen Kämmerlein. Das Team sollte aus verschiedenen Charakteren bestehen, die ihren individuellen Beitrag zur Gesamtlösung leisten.

4.4 Der Plus-Minus-Lösungsweg und die Umkehrtechnik

Das Besondere dieses Lösungsweges liegt darin, herauszufinden, wie Sie mithilfe einer kreativen Methode möglichst viele Lösungen generieren. Diese Methode heißt Umkehrtechnik.

Die Ausgangsüberlegung ist: Ihre Kreativität wird immer dann Fortschritte machen, wenn Sie spielerisch an die Problemlösung herangehen: Sie können z. B. Geheimsprachen entwickeln, Unsinnsgespräche ausdenken, Analogien herstellen, Dinge aus einer vollkommen neuen Perspektive betrachten. Der Journalist Robert Wieder hat einmal gesagt: „Jedermann kann sich über Mode in einer Boutique oder über Geschichte in einem Museum informieren. Der kreative Entdecker sucht nach Geschichte im Eisenwarenladen und nach Mode im Flughafen."

Fragestellung ändern
Bei der Umkehrtechnik ändern Sie die Fragestellung. Sie fragen sich:
- „Was muss ich tun, damit das Problem unlösbar ist?" oder konkreter
- „Wie gelingt es, dass mein Auftragsvolumen vollkommen einbricht?" oder
- „Wie kann ich möglichst viele Kunden vergrätzen?"

Die ungewöhnliche Frageperspektive und allein schon die Absurdität der Fragestellung setzt Gehirnzellen in Bewegung, die sonst brachliegen. Das gilt insbesondere dann, wenn Sie im Kompetenzteam in einem Brainstorming versuchen, durch eine innovative Fragestellung einen kreativen Gehirnsturm (nichts anderes bedeutet nämlich der Begriff „Brainstorming") zu entfachen. Übrigens: Die Kombination der verschiedenen Lösungswege ist ausdrücklich erwünscht und empfehlenswert.

Zurück zum Gehirnsturm. Durch die Umkehrtechnik entsteht eine Liste mit unwahrscheinlich zahlreichen Ideen, wie Sie zum Beispiel das Auftragsvolumen in den Keller treiben oder Kunden zum Nichtkauf ‚überreden'. In einem zweiten Schritt dann überlegen Sie sich natürlich Gegenmaßnahmen:

„Was also kann ich tun, um zu verhindern, dass das Auftragsvolumen sinkt oder Kunden vergrätzt werden?"

Falls Sie die Technik erst einmal üben wollen, fragen Sie sich, wenn Sie demnächst eine Grillparty planen, die alle begeistern soll: „Wie sorge ich dafür, dass die Feier ein Reinfall wird?" Aber bitte vergessen Sie nicht, mit derselben Kreativität die zweite Frage, die nach den Gegenmaßnahmen, zu beantworten!

Ideen bewerten

Die Umkehrtechnik führt meistens zu einer ungeheuren Vielzahl an Lösungsvorschlägen, die nun beurteilt werden müssen. Erstellen Sie dazu auf einem Blatt Papier ein T-Modell und schreiben Sie in die linke Spalte die Vorteile und rechts die Nachteile zu jeder Lösungsidee:

Lösungsidee:	
Vorteile (+)	Nachteile (-)

Ich brauche Ihnen wohl nicht zu sagen, dass die Vorteile in der Qualität und Quantität überwiegen müssen, wenn Sie die Lösungsidee weiterhin in Betracht ziehen wollen.

Nehmen Sie sich eine Minute Zeit zur Selbstbefragung
- Beherrschen Sie die Umkehrtechnik? Üben Sie sie anhand der folgenden Frage ein:
- „Wie sorge ich dafür, dass meine Partnerschaft zur Hölle wird?"

Die gefundenen „Lösungen" nutzen Sie dann, um herauszufinden, wie die Partnerschaft zum „Himmel auf Erden" wird.

Umkehrtechnik und Plus-Minus-Methode führen zu einer Vielzahl an Lösungsvorschlägen. Der beste Vorschlag soll gewinnen. Die anderen taugen vielleicht noch zum „Plan B".

4.5 Der „Plan-B"-Lösungsweg

Es ist sinnvoll, wenn Sie auf einen Notfallplan – oder noch besser: mehrere Notfallpläne – zurückgreifen können, eben den „Plan B". So vermindern Sie das Risiko des Scheiterns und erhöhen Ihre Erfolgschancen. Die Strategie: Stellen Sie sich zunächst „Was … wenn"-Fragen:

- „Was passiert, wenn meine Problemlösung (also Plan A) scheitert?"
- „Was mache ich, wenn das Problem bedrängender wird?"
- „Was ist, wenn die Problemsituation unakzeptabel wird?"

Stellen Sie sich proaktive Fragen. Es geht darum, mögliche Hindernisse zu bedenken, die Ihren Lösungsweg undurchführbar werden lassen. Viele Menschen stellen diese Überlegungen an den Beginn des Problemlösungsprozesses – ich habe darauf hingewiesen, dass Sie sich nicht mit diesen negativen Gedanken belasten dürfen. Aber Sie dürfen sie auch nicht vollkommen unberücksichtigt lassen, denn natürlich wird es immer wieder Stolpersteine auf dem Weg zur Lösung geben. Jetzt – am Ende des Problemlösungsprozesses – ist es an der Zeit, diese Hindernisse zu bedenken und sich darauf vorzubereiten, auf einen Notfallplan zurückzugreifen.

Stolpersteine proaktiv bedenken
Legen Sie eine Tabelle an, in der Sie mögliche Hindernisse notieren. Kommen Sie dann aber direkt wieder auf die Lösung zurück, indem Sie überlegen, wie das Hindernis aus dem Weg geräumt werden kann:

Problemlösung	Hindernis	„Aufräumarbeit"
Mitarbeiter-gespräch führen	Keine Zeit	Zeitmanagement verbessern; Aufgaben delegieren
Mit dem Partner öfter ausgehen	Finden kein gemeinsames Zeitfenster	Terminpläne koordinieren
...	...	...

So entsteht eine Liste mit „Aufräumarbeiten", die Ihnen zeigt, wie Sie Stolpersteine wegräumen. Diese Liste sollten Sie kontinuierlich fortführen, um bei anderen Problemlösungen, in denen dieselben oder ähnliche Hindernisse auftauchen, direkt auf eine bewährte „Aufräumarbeit" zurückgreifen zu können.

Erst wenn es sich herausstellt, dass die Stolpersteine unüberwindbar sind, tritt der Notfallplan, also Plan B in Kraft.

Der Lösungsfinder sollte sich nie auf nur einen Lösungsweg verlassen, sondern immer einen Plan B in der Tasche haben.

4.6 Der Fantasie freien Lauf lassen

Für die Suche nach kreativen Problemlösungen gilt ein unumstößliches Axiom: Es gibt keine „schlechten Ideen" oder „schlechten Lösungen". Sie dürfen Ihre Kreativität nicht einschränken und sollten Ihrer Fantasie Flügel verleihen.

Nach dem Insel-Modell der Managementtrainerin Vera F. Birkenbihl lebt jeder Mensch auf einer Insel, die ihn wie ein Kreis umgibt. Und dieser Kreis symbolisiert alle Erfahrungen, alle Hoffnungen, Ängste, Wünsche und Ziele, aber auch alle Meinungen und alles Wissen, das dieser Mensch besitzt. Je größer und gefüllter dieser Kreis ist, über desto mehr Assoziationen und Verknüpfungsmöglichkeiten verfügt er. Derjenige, dessen Insel lediglich mathematisches Wissen umfasst, kann immer nur auf dieses Wissensgebiet zurückgreifen, wenn es darum geht, kreative Lösungsideen zu entwickeln. Derjenige, für den aber auch Geschichte, Geografie, Kunst, Literatur, Betriebswissenschaft, Psychologie und Alltagswissen keine böhmischen Dörfer sind, kann bei der kreativen Suche nach Problemlösungen auch diese Bereiche als Assoziationsfelder nutzen.

Also: Erweitern Sie Ihr Wissen! Öffnen Sie Ihren Denkapparat für Dinge, die nichts mit der Herausforderung zu tun haben, an der Sie sich gerade die Zähne ausbeißen – und gelangen Sie gerade deswegen zu neuen kreativen Einfällen.

„Wenn das Wörtchen wenn nicht wär', wär' mein Vater Millionär." Dieser Spruch ist der Tod jeder kreativen Regung. Denn gerade die Frage: „Was wäre, wenn ...?" belebt Ihr kreatives Energiepotenzial.

„Was wäre, wenn sich die Spielstraße vor unserem Haus rot verfärben würde, sobald ein Auto zu schnell fährt und die Kinder gefährdet?" Ungewöhnliche Fragen wie diese machen den Weg frei für ungewöhnliche Lösungen.

Apropos Kinder: Sie wissen vielleicht, was passiert, wenn man einem Erwachsenen ein selbst gemaltes Bild mit einem etwas unkenntlichen Fisch vorlegt. „Das ist ein Wal!" Oder vielleicht auch: „Ein Fisch!" Sollen Kindergartenkinder hingegen das Bild interpretieren, erhält man die tollsten, unwahrscheinlichsten und – aus Erwachsenensicht – unmöglichsten Antworten: „Ein Flugzeug ... ein Vogel mit kurzen Flügeln ... meine Mama beim Rasenmähen ..."

Der Fantasie der Kinder sind keine Grenzen gesetzt – und ihrer Kreativität ebenso wenig. Pablo Picasso meinte: „Jedes Kind *ist* ein Künstler. Das Problem ist jedoch, nach dem Größerwerden ein Künstler zu *bleiben*."

4.7 Probieren Sie neue Kreativitätstechniken aus

Halten Sie – in Büchern und Zeitschriften – ständig Ausschau nach neuen und auch bewährten Kreativitätstechniken. Als Beispiel sei die Reizwortanalyse genannt. Dazu schlagen Sie ein Lexikon oder einen Katalog an einer beliebigen Stelle auf und tippen auf ein Wort – das so gefundene „Reizwort" wird hinsichtlich seiner Eigenschaften und Funktionen auf das zu lösende Problem bezogen. Welche Bilder lässt das Wort bei Ihnen entstehen? Was kann es zur Problemlösung beitragen? Das Reizwort fungiert als Impulsgeber für neue und „abwegige" Brainstorming-Ideen.

Hilfreich ist auch die Walt-Disney-Strategie – am besten, Sie nutzen sie, um im Team neue Ideen zur Problemlösung zu kreieren. Bei diesem Rollenspiel-Brainstorming nimmt jeder Teilnehmer verschiedene Rollen ein und ist zunächst der Visionär, der seiner Fantasie freien Lauf lässt und Ideen entwickelt. Schließlich tritt man als der realistische Macher auf, der nach den Umsetzungsmöglichkeiten einer Idee fragt. Zuletzt schlüpft man in das Kostüm des Kritikasters, der den Schwachpunkten der Idee nachspürt.

Der Vorteil: Jeder Teilnehmer nutzt zum einen seine spezifischen Kreativitätsstärken – das kritische Teammitglied darf sich als Fragesteller austoben. Zum anderen jedoch wird so mancher Realist seine Fantasie-Ader entdecken. Und die Macherin überrascht jetzt durch ihre ungeahnte visionäre Kraft.

Nehmen Sie sich eine Minute Zeit zur Selbstbefragung

Was können Sie tun, um den Künstler in sich am Leben zu erhalten, um so die Kreativität zu entfalten, die Sie zum Lösungsfinder macht?

- *Lösungsfinder sind kreativ, denken um die Ecke, können gut visualisieren und wechseln beim Denken die Richtung.*
- *Zudem beherrschen sie eine Vielzahl an Lösungswegen – vom Ökonomischen bis zum „Plan-B"-Lösungsweg.*
- *Sie bedenken mögliche Stolpersteine auf dem Lösungsweg – aber nicht zu Beginn, sondern am Ende des Problemlösungsprozesses.*
- *Die beschriebenen Lösungswege sind nicht der Weisheit letzter Schluss. Es sind Wege, die Tausende Menschen immer wieder erfolgreiche Ergebnisse gebracht haben. Probieren Sie Ihre persönlichen Lösungswege aus!*

30 MINUTEN

Wie unterscheidet sich das „Adler-Verhalten" vom „Enten-Verhalten"?

Seite 77

Kennen Sie die Methoden, um sich in den Adler-Zustand zu bringen?

Seite 80

Wissen Sie, welche Menschen Ihnen helfen können, Probleme lösungsorientiert anzugehen?

Seite 82

5. Entwickeln Sie sich von der „Problem-Ente" zum „Lösungs-Adler"

Wenn Sie die bisherigen Tipps beherzigt haben, sind Sie auf dem besten Weg, sich zum Lösungsfinder zu entwickeln. Doch ein wichtiger Schritt fehlt noch, nämlich das berühmt-berüchtigte „ins Handeln kommen", also die Umsetzung. Solange Sie nicht die Kraft und Energie finden, Ihre Problemlösungsziele in praktikable Umsetzungsschritte zu gießen, bleiben Sie wie eine Ente plump am Boden hocken und werden von den Ereignissen überrollt. Die Adler-Philosophie hilft Ihnen, sich selbstbewusst in die Lüfte zu erheben – und das Problem zu lösen.

5.1 Mit der Adler-Philosophie in die Umsetzungsphase kommen

Adler-Verhalten und Enten-Verhalten sind zwei Aspekte des menschlichen Verhaltens und fangen den Unterschied zwischen dem Problemsucher – der Ente – und dem Lösungsfinder – also dem Adler – in einem motivierenden Bild ein. Denn zu wem wollen Sie gehören? Zu den kulinarischen Leckerbissen oder den majestätischen Beherrschern der Lüfte? Wollen Sie auf der Speisekarte stehen – oder unter Naturschutz?

Entwickeln Sie sich zum Adler, der in der Herausforderung die Chance zur Problemlösung und zur Entfaltung seiner Persönlichkeit sieht.

Angesichts eines Problems beginnt die Ente verzweifelt zu jammern und zu quaken. Der Adler freut sich auf die Herausforderung, er kämpft und handelt. Ähnlich wie in der physikalischen Optik, in der sich aus den Grundfarben Rot, Grün und Blau alle anderen Farben ergeben, lassen sich die menschlichen Verhaltensweisen als Mischungen aus dem Enten-Programm und dem Adler-Programm beschreiben.

Das bedeutet: Entwicklungen sind möglich:

Die Ente kann sich vom ängstlichen Bewahrer des Status quo zum energischen Sachwalter der Veränderung mausern.

Der Adler wiederum muss durchaus mit Rückschlägen rechnen – sein „Enten-Anteil" bleibt vorhanden –, und auch wenn er grundsätzlich mutig und engagiert an die Problemlösung herangeht, kann es sein, dass er bei der einen oder anderen Aufgabe verzagt.

Der Adler-Zustand unterliegt mithin Schwankungen – Sie müssen ihn sich jederzeit aufs Neue erarbeiten. Überlegen Sie einmal: Waren Sie schon einmal mit einer Herausforderung konfrontiert, bei der Sie voller Vorfreude und Engagement an die Lösung herangegangen sind? „Das Problem werde ich schon knacken!" Vielleicht am nächsten Tag schon aber sind Sie bei einer anderen Aufgabe verzagt und ängstlich.

Beides ist in uns angelegt: Problemorientierung und Lösungsorientierung – oder eben Adler-Verhalten und Enten-Verhalten. Heute suhlen wir uns wie Enten im Problem und schimpfen nörgelnd und quakend über die ach so schlimmen Umständen – morgen erheben wir uns in die Lüfte und lösen es!

Etwas tun, um etwas zu werden

Es genügt nicht, auf den Adler-Zustand zu warten und zu hoffen, er möge sich doch bitte schön von selbst einstellen. Johann Wolfgang von Goethe hat gesagt: „Ein jeder Mensch will etwas sein, doch keiner will etwas werden." Denn zum „Werden" gehört mehr als der bloße Wunsch oder der Wille. Zum „Werden" gehören der Mut und die Bereitschaft, sich zu verändern und sich auf das Neue und Unbekannte einzulassen.

Vielleicht sind Sie „durch die Ente in Ihnen" bisher daran gehindert worden, Erfolg zu haben, Ziele zu erreichen, Pläne umzusetzen und Probleme zu lösen.

Sich wie ein Adler zu verhalten heißt, selbstbewusst und eigeninitiativ die Problemlösung anzugehen. Das Ziel sollte sein, den Adler-Zustand so oft wie möglich herbeizuführen.

5.2 Vier wertvolle Motivations- und Umsetzungs-Tipps

Die folgenden Aktionen unterstützen Sie dabei, die „Ente in Ihnen" in Schach zu halten und zum Adlerflug anzusetzen.

Aktion 1: Die Just-do-it-Regel

Suchen Sie sich eine motivierende Wortkombination – wie etwa *Just do it, Go for it* oder *Let's go*. Dabei können Sie auch die Adler-Metaphorik nutzen: Adler, flieg los! Wichtig: Diese Wortkombination bleibt Momenten vorbehalten, in denen Sie unbedingt einen Anstoß brauchen, um ins Handeln zu kommen. Jetzt verbinden Sie die Wortkombination mit Dingen, die Sie gerne tun – wenn Sie ein Glas Wein trinken, mit Ihrer Familie spazieren gehen, am Arbeitsplatz Ihrer Lieblingsbeschäftigung nachgehen.

In Ihrem Unterbewusstsein verankern Sie die Wortkombination also mit angenehmen Aktivitäten. Trainieren Sie dies einige Wochen lang – um die Kombination schließlich mit Aktivitäten und Aufgaben in Verbindung zu setzen, die Ihnen schwerfallen. Wollen Sie etwa ein Gespräch mit einem Kunden führen, der eine Reklamation vorbringt, dann sagen Sie sich zuvor: *Adler, flieg los* (also Ihre Wortkombination) – und Sie werden tatsächlich ins Handeln kommen, weil Sie mit der Kombination etwas Angenehmes verbinden.

Und dann nutzten Sie die magische Wortkombination bei der Problemlösung. *Adler, flieg los* – und löse jetzt das Problem!

Aktion 2: Visualisieren und beschreiben Sie Ihre Erfolge

Kaufen Sie sich ein Tagebuch. Und dann beginnen Sie, jeden Tag drei bis fünf Dinge aufzuschreiben, die Ihnen gelungen sind. Halten Sie am Arbeitsplatz „Erfolgskonferenzen" ab – das können Sie auch im Familienkreis machen. Erzählen Sie Ihrem Partner und Ihren Kindern, was Ihnen gelungen ist – und lassen Sie sich von ihnen Adler-Geschichten erzählen.

Diskutieren Sie Ihre Erfolge – mit Verwandten, mit Freunden, mit Vorgesetzten und Mitarbeitern. Nicht Jammern und Quaken ist angesagt – es geht um das Feiern der Erfolge. Wichtig: Jeder stellt dar, WIE er Ziele verwirklicht und WIE er den Adler-Zustand erreicht hat.

Aktion 3: Formulieren Sie einen Entscheidungssatz

Formulieren Sie einen Entscheidungssatz, in dem Sie die Problemlösung auf den Punkt bringen – eindeutig und klar, er darf nicht interpretierbar sein. Legen Sie die Folgen fest, die eintreten, wenn Sie Ihrem Entscheidungssatz zuwiderhandeln. Welche Konsequenzen erwarten Sie bei Nicht-Einhaltung? Lassen Sie den Vertrag von Zeugen unterschreiben, an die Sie eine „Strafe" zahlen müssen.

Aktion 4: Nutzen Sie die Fremdmotivation

Stellen Sie Öffentlichkeit her: Berichten Sie möglichst vielen Menschen von Ihrem Vorhaben und der Problemlösung. Öffentlichkeit verpflichtet. Diese Personen sollten sich nicht scheuen, Sie beizeiten an Ihre Entscheidung und Verpflichtung zu erinnern.

Haben Sie einen Freund oder Bekannten, der Sie „beflügelt" und Sie fast automatisch durch seine Art in den beflügelnden Adler-Zustand versetzt? Nicht immer gelingt die Selbstmotivation. Wenn Sie Motivationsprobleme haben, es Ihnen also schwerfällt, den Status des Lösungsfinders zu erreichen, rufen Sie Ihren „Fluglehrer" an.

Aktion 5: Arbeiten Sie jetzt sofort fast 50 Ideen aus

Sie können zum steilen Adler-Flug ansetzen, indem Sie jetzt sofort ein Team zusammenstellen und dann eine der effektivsten und kreativsten Problemlösungstechniken anwenden, nämlich die 635-Methode:

- Nehmen wir an, es gelingt Ihnen, ein Sechser-Team auf die Beine zu stellen.
- Bei der 635-Methode erhalten 6 Personen (falls nur 4 Personen mitmachen, handelt es sich eben um die 435-Methode) jeweils ein Formblatt und notieren dort 3 Problemlösungen oder Ideen in 5 Minuten zu dem Problem, um das es Ihnen geht.
- Dann werden die Listen weitergereicht – jeder notiert wieder 3 Ideen in 5 Minuten.

- Der Prozess ist abgeschlossen, sobald alle Listen an ihrem Ausgangspunkt zurückgekehrt sind.
- In nur 30 Minuten haben sich 108 Ideen angehäuft, bei 4 Personen in 20 Minuten immerhin 48 Gedankenblitze.
- Schließlich streicht das Team Doppelungen und prüft die verbleibenden Problemlösungen hinsichtlich ihrer Realisierbarkeit.

Bei allzu komplexen Problemen kann die Methode variiert werden – jeder Teilnehmer notiert in jeder Runde nur 2 Problemlösungen oder Ideen.

Nehmen Sie sich eine Minute Zeit zur Selbstbefragung
Überlegen Sie sich Situationen, in denen Sie sich im Enten- bzw. im Adler-Zustand befanden:
- Was unterscheidet Ihr jeweiliges Verhalten in den beiden Zuständen voneinander?
- Welchen Einfluss hat der Adler-Zustand auf Ihr Problemlösungsverhalten?

- *Wer Probleme mit Mut und Motivation lösen will, sollte versuchen, sich in den Adler-Zustand zu bringen.*
- *Adler-Zustand heißt, Probleme handlungsorientiert und in dem Bewusstsein anzugehen, sie bewältigen zu können.*
- *Nutzen Sie die Strategien, Methoden und Techniken der Selbstmotivation und Selbstüberzeugung, um ins Handeln zu kommen.*

Zum guten Schluss: „Wenn du ein Problem hast – beschäftige dich mit der Lösung"

Ich hoffe, ich konnte Ihnen dabei behilflich sein, sich vom Problemsucher zum Lösungsfinder zu entfalten und Probleme nun als Chancen zur beruflichen und privaten Weiterentwicklung zu begreifen.

Um Ihren Erfolg zu überprüfen, sollten Sie den Test, den Sie in diesem Buch auf den Seiten 8 und 9 finden, nochmals machen. Können Sie bezüglich Ihrer Problemlösungskompetenz eine Verbesserung feststellen?

Bei den Dakota-Indianern gibt es den Spruch: „Wenn du merkst, dass du ein totes Pferd reitest, steig ab." In Analogie dazu empfehle ich: „Wenn du ein Problem hast, beschäftige dich mit der Lösung." Wenn dies nach der Lektüre dieses Buches Ihre feste Überzeugung ist, habe ich mein Ziel erreicht. Wenn Sie merken, dass Sie ein totes Pferd reiten, ist es falsch, sich eine stärkere Peitsche zu besorgen, eine Task Force zu gründen, um das Pferd wiederzubeleben, eine unabhängige Kostenstelle für tote Pferde zu gründen oder gar ein Motivationsprogramm für tote Pferde zu entwickeln. Hilfreich ist nur, sich vom toten Pferd für immer zu verabschieden. Bitte verabschieden auch Sie sich vom problemorientierten Denken und fokussieren Sie sich auf die Lösungsfindung. Nutzen Sie dabei die Umsetzungstipps, die ich Ihnen für Ihren Weg zur Lösungsfindung mitgebe:

- Fragen Sie ab sofort nicht, *ob* Sie ein Problem lösen können, sondern *wie* Sie es lösen.
- Prüfen Sie, wer Ihnen bei der Lösungsfindung helfen kann. Wer in Ihrem privaten und beruflichen Umfeld hat sich bereits als Lösungsfinder bewährt?
- Erstellen Sie eine Liste mit den Namen der Menschen, die Sie bei Ihrer Entwicklung zum Lösungsfinder unterstützen können.
- Schließen Sie einen Vertrag mit sich selbst, in dem Sie sich der Lösungsfindung verpflichten.

Und was am wichtigsten ist: Ihre Entwicklung zum Lösungsfinder ist kein abgeschlossener, sondern ein unendlicher Prozess. Sie müssen permanent daran arbeiten, Ihre Problemlösungskompetenz zu verbessern. Darum:

Kontrollieren Sie Ihre Lösungen. Führen Sie zum angestrebten und erwünschten Ergebnis? Was müssen und können Sie bei der nächsten Lösungsfindung noch besser machen? Müssen Sie vielleicht vom toten Pferd absteigen und einen ganz anderen Weg gehen?

Viel Freude bei der Umsetzung!

Fast Reader

1. Entwickeln Sie ein Problembewusstsein

Negativ-pessimistisch – positiv-optimistisch – realistisch: Bei der Bewertung, ob das Glas halb leer oder halb voll ist, gibt es drei Alternativen. Problemlösungsenergie wird dann am ehesten freigesetzt, wenn der Lösungsfinder tendenziell optimistisch an die Problemlösung herangeht.

In Deutschland dominiert immer noch die Jammerkultur. Die „90-10-Formel" besagt, dass wir den Großteil unserer Zeit für die Problemsuche und Problembeschreibung verschwenden und nur 10 Prozent für die Problemlösung nutzen. Ein Lösungsfinder achtet darauf, nicht ins Jammertal abzustürzen.

- **Ein Lösungsfinder schärft sein Problembewusstsein, indem er sich verdeutlicht, was überhaupt ein Problem (für ihn) ist.**
- **Ein Problem ist eine schwierige Aufgabe – die aber immer lösbar ist.**

- *Die Bewältigung von Problemen gelingt, wenn es der Lösungsfinder schafft, mit einer optimistischen Grundeinstellung an die Lösung heranzugehen. Zumindest sollte er zu einer realistischen Einschätzung gelangen.*
- *In jedem Problem liegen auch Chancen. Es kommt darauf an, diese Chancen zu erkennen und zu nutzen.*
- *Jedes Problem hat mindestens zwei Seiten. Lösungsfinder nehmen einen Perspektivenwechsel vor. So nehmen sie eine distanziertere Position zu ihrem Problem ein, die es ihnen ermöglicht, die Chancen im Problem zu erkennen und zu nutzen.*

2. Nehmen Sie das Problem unter die Lupe

Als Lösungsfinder lassen Sie sich nicht von Ihrem Problem „auffressen" und in die Negativspirale ziehen. Sie erkennen die Menschen und Gewohnheiten, die Sie an das Problem fesseln, und befreien sich von ihnen.

Menschen mit fördernden Überzeugungen ergeben sich nicht in ihr Schicksal und lassen sich nicht von belastenden Situationen herunterziehen. Oder konkreter: Sie beschäftigen sich im Berufsleben nicht mit dem Problem, dass Mitarbeiter unfähig sind, sondern damit, wie sie helfen können, Leistungspotenziale aufseiten der Angestellten zu entfalten.

Der Problem-Mythos hat viele Facetten: Es kann durchaus sein, dass das Problem bei näherer Betrachtung keines ist. Oder es verdeckt den freien Blick auf das Problem, das der Lösungsfinder wirklich hat. Oder es ist zwar ein Problem – aber nicht seines.

30

- *Wer sich von Problemsuchern und Problemverherrlichern fernhält, hat bessere Chancen, sein Problem objektiv zu analysieren.*
- *Wer seine hemmenden Glaubenssätze erkennt, kritisch hinterfragt, ändert und umdeutet, macht den Weg frei für die Problemanalyse.*
- *Nicht jedes Problem ist wirklich ein Problem, nicht jedes Problem dasjenige, das bearbeitet werden muss – häufig muss „das Problem hinter dem Problem" erkannt werden.*
- *Das Problem muss so konkret und detailliert wie möglich benannt und beschrieben werden. Dabei hilft die Problemkette: Der Lösungssucher dringt dabei immer tiefer in die Problemursachen ein.*
- *Allerdings sollte der Lösungssucher das Problem nicht zu Tode analysieren. Er muss so rasch wie möglich in die Lösungsphase kommen – Voraussetzung dafür aber ist die objektive Analyse.*

3. Stellen Sie die richtigen Lösungsfragen

Ein lösungsorientiertes Denken und Handeln ist immer auf die Zukunft gerichtet und vermeidet das Suhlen in der Vergangenheit. Zukunftsgerichtete Fragen schaffen ein Lösungsbewusstsein.

- **Ein wichtiger Schritt auf dem Weg zur Problemlösung ist die Unterscheidung zwischen Lösungswünschen und Lösungszielen.**
- **Bei der Formulierung der Lösungswünsche darf es ruhig visionär zugehen!**
- **Es geht darum, aus einer Vielzahl an möglichen Lösungen die realistischen herauszufiltern.**
- **Laden Sie Ihre Problemlösung mit positiven Emotionen auf – damit erhöhen Sie die Wahrscheinlichkeit, dass Sie sie umsetzen können.**

30

4. Kreative Lösungswege fernab der Trampelpfade

Bei der Problemlösung und Lösungsfindung ist Kreativität oberstes Gebot.
Kernstück des Ökonomischen Lösungswegs sind die „Nur mal angenommen"-Frage und die Visualisierung vorgestellter Lösungen.
Oft fallen Lösungsfindungen im Team leichter als

im stillen Kämmerlein. Das Team sollte aus verschiedenen Charakteren bestehen, die ihren individuellen Beitrag zur Gesamtlösung leisten.

Umkehrtechnik und Plus-Minus-Methode führen zu einer Vielzahl an Lösungsvorschlägen. Der beste Vorschlag soll gewinnen. Die anderen taugen vielleicht noch zum „Plan B".

Der Lösungsfinder sollte sich nie auf nur einen Lösungsweg verlassen, sondern immer einen Plan B in der Tasche haben.

- *Lösungsfinder sind kreativ, denken um die Ecke, können gut visualisieren und wechseln beim Denken die Richtung.*
- *Zudem beherrschen sie eine Vielzahl an Lösungswegen – vom Ökonomischen bis zum „Plan-B"-Lösungsweg.*
- *Sie bedenken mögliche Stolpersteine auf dem Lösungsweg – aber nicht zu Beginn, sondern am Ende des Problemlösungsprozesses.*
- *Die beschriebenen Lösungswege sind nicht der Weisheit letzter Schluss. Es sind Wege, die Tausende Menschen immer wieder erfolgreiche Ergebnisse gebracht haben. Probieren Sie Ihre persönlichen Lösungswege aus!*

5. Entwickeln Sie sich von der „Problem-Ente" zum „Lösungs-Adler"

Sich wie ein Adler zu verhalten heißt, selbstbe-wusst und eigeninitiativ die Problemlösung anzu-gehen. Das Ziel sollte sein, den Adler-Zustand so oft wie möglich herbeizuführen.

- *Wer Probleme mit Mut und Motivation lösen will, sollte versuchen, sich in den Adler-Zustand zu bringen.*
- *Adler-Zustand heißt, Probleme handlungsorien-tiert und in dem Bewusstsein anzugehen, sie bewältigen zu können.*
- *Nutzen Sie die Strategien, Methoden und Tech-niken der Selbstmotivation und Selbstüberzeu-gung, um ins Handeln zu kommen.*

Der Autor

Ardeschyr Hagmaier ist Akquisitions-experte, Führungskräfte-Coach und Spezialist für ertragsfördernde Maß-nahmen und messbar mehr Verkaufs-erfolg.

Er ist seit über 20 Jahren aktiv im Vertrieb und in der Neukunden-Ak-quisition tätig, hat Trainer im Schwer-punkt Vertrieb und Akquisition ausgebildet und ist Verfasser zahlreicher Fachartikel und Bücher, unter anderem der „Enten-Adler"-Buchreihe und der „EASY!-Erfolgsbücher.

Zudem hat er sich einen Namen als Referent und Vor-tragsredner bei Events und auf Messen sowie bei Groß-unternehmen aus Industrie und Wirtschaft gemacht.

Kontakt:

mail@ardeschyr-hagmaier.de
www.ardeschyr-hagmaier.com

Literaturhinweise

- Hagmaier, Ardeschyr: Ente oder Adler. Vom Problemsucher zum Lösungsfinder. GABAL, Offenbach, 5. Auflage 2008 (auch als Audio-CD erschienen)

- Hagmaier, Ardeschyr: Quakst du noch oder fliegst du schon? Die 33 Adler-Prinzipien. GABAL, Offenbach 2009

- Hagmaier, Ardeschyr: EASY! Living. Einfach einfacher leben. GABAL, Offenbach 2009

- Hagmaier, Ardeschyr: EASY! Sales. Einfach einfacher verkaufen. GABAL, Offenbach 2009

- Hagmaier, Ardeschyr: EASY! Leading. Einfach einfacher führen. GABAL, Offenbach 2009

- Hagmaier, Ardeschyr: EASY! Action. Einfach einfacher handeln. GABAL, Offenbach 2010

- Hagmaier, Ardeschyr: EASY! Motivation. GABAL, Offenbach 2010

- Hagmaier, Ardeschyr: 30 Minuten Basiswissen Akquise. GABAL, Offenbach 2011

- Hagmaier, Ardeschyr: Heute akquirieren – sofort profitieren. Systematisch neue Kunden und Aufträge gewinnen. Gabler, 3. Auflage Wiesbaden 2012

Register

Die 30 Minuten-Reihe
In 30 Minuten wissen Sie mehr!

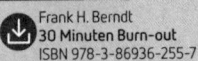

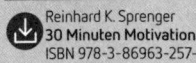

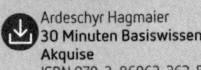
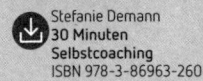

Weitere Informationen finden Sie unter www.gabal-verlag.de